春季番茄设风
障防干热风

番茄花前枝打掉过晚

干旱、高温使番茄果实失水

番茄青果肩遇
高温转色不良

番茄高温射裂

番茄高温豆果

番茄一次
落架过度

夜温过低对番
茄造成的伤害

番茄激素伤害

番茄畸形果

番茄脐腐病果

番茄黄萎病

番茄枯萎病

夏番茄芽枯病

番茄黄化曲叶病毒温室危害状

露地番茄病毒田间危害状

果蔬商品生产新技术丛书

提高番茄商品性栽培技术问答

编著者

应芳卿　刘宗立　李相逢

张志美　郝军虹　梁秋霞

黄　文　苗新顺

金盾出版社

内 容 提 要

本书由河南省郑州市蔬菜研究所应芳卿研究员等编著。编著者从番茄商品性的内涵、影响番茄商品性的关键因素、品种选择与番茄商品性、栽培模式与番茄商品性、栽培环境管理与番茄商品性、栽培管理技术与番茄商品性、病虫害防治与番茄商品性、采收与番茄商品性、安全生产与番茄商品性、标准化生产与番茄商品性10个方面，以问答形式具体介绍了如何提高番茄商品性的栽培技术。该书文字简明扼要，通俗易懂，先进性、实用性和可操作性强，适合基层农业技术人员和广大菜农阅读使用。

图书在版编目(CIP)数据

提高番茄商品性栽培技术问答/应芳卿等编著．—北京：金盾出版社，2009．9
(果蔬商品生产新技术丛书)
ISBN 978-7-5082-5895-9

Ⅰ．提… Ⅱ．应… Ⅲ．番茄—蔬菜园艺—问答 Ⅳ．S641．2-44

中国版本图书馆CIP数据核字(2009)第121087号

金盾出版社出版、总发行
北京太平路5号(地铁万寿路站往南)
邮政编码：100036 电话：68214039 83219215
传真：68276683 网址：www.jdcbs.cn
封面印刷：北京金盾印刷厂
彩页正文印刷：北京金盾印刷厂
装订：兴浩装订厂
各地新华书店经销
开本：850×1168 1/32 印张：6.375 彩页：4 字数：145千字
2010年10月第1版第2次印刷
印数：10 001～18 000册 定价：11.00元

目　录

一、番茄商品性的内涵

1. 番茄的商品性指的是什么？对番茄生产的发展有何作用？

现代农业的发展早已摆脱了自给自足的小农经济，进入了现代农业商品经济时代。所谓商品，就是适合市场交换的劳动产品，要被广大消费者所接受。因此，好的商品一定要有利于市场交换，换句话说就是好商品容易卖出去。大家都知道什么样的商品最好卖，即这种商品要符合广大消费者的消费取向，通俗地说就是要迎合消费者的消费心理，能引起消费者的消费欲望，要投消费者所好，使消费者对它“一见钟情”，要以其特有的“品质”使消费者难以他顾。这就是番茄必须具备的特殊属性——商品性（或商品特性）。

番茄的商品性，不单指卖相、外观，还包括内在品质。它不仅影响着销售的数量，而且影响销售价格。因为消费者在从番茄外形上能得到美的享受、引起自身购买欲望的同时，还希望购买的番茄口感好、营养价值高，具有番茄独特的风味，食用健康安全。因此，生产中必须注意提高番茄的商品性，从而获得较高的经济效益。

番茄的品种不同、用途不同、销售区域不同、消费方式（生、熟）以及消费习惯等的不同，对番茄商品性的要求有很大的差别。适时、适地提高番茄的商品性是提高番茄种植效益的关键。

番茄的商品性直接影响着市场销售等各个产业环节的经济效益，因此对产业化的发展具有极其重要的作用。

2. 番茄的商品性主要包括哪些内容?

随着人们生活水平的不断提高,对番茄的商品性不断提出更高更全面的要求。番茄的商品性与品种、栽培环境和管理技术有密切的关系,这就要求育种者在培育番茄新品种时和栽培者在生产过程中始终要以提高番茄商品性为目标,运用现代农业高科技手段培育优质的番茄新品种,改善栽培环境条件,充分发挥新品种优良特性,生产出外观和品质等适合市场需要的优质产品。番茄的商品性主要包括番茄的商品外观、风味品质、营养品质、耐贮运品质、卫生品质等。

3. 番茄的商品外观包括哪些内容?

番茄的商品外观主要包括颜色、大小、形状三个方面。优质的番茄具有鲜艳美观、果形圆正、大小适中的特点。当然,不同地区的消费习惯有差异,不同的人对番茄外观也有不同的喜好。

(1)颜色 番茄果实的色泽由果肉和表皮颜色决定。粉红色番茄表皮无色,果肉粉色;红色番茄表皮黄色,果肉粉色。另外,还有紫色、橙色、深黄色、浅黄色等果实。对果实颜色要求依地区不同而异,但无论什么颜色,都要鲜艳、色浓、着色均匀;果色出现浅淡、不匀或呈"花皮脸"状,则外观品质降低。一般地说,一个优良品种首先应具有优良的色泽;在栽培上果实的色泽表现与光照、温度、肥料营养及防病等多方面因素有关。

(2)果实大小 果实大小主要与品种和栽培技术有关,在选择上一般鲜食多喜欢大果,加工品种多宜中小果。对果实大小的要求,各地区因消费习惯不同差异很大,目前就鲜食番茄来说,北方多喜欢大果品种,南方则以中小果为主。从加工及烹调角度讲,前者由于是机器加工,对果实大小的要求并不严格,后者则多以大果型为主;生食番茄多数为樱桃类型。按照全国番茄区域试验方案对果实大小的分类，平均单果重大于150克的为大果型，90～120克的为中果型，小于90克的为小果型番茄和小番茄，一般30克以下的被称为樱桃番茄。

(3)果形 即果实的外观形状。形状描述可用纵径比横径（果形指数）表示，果形指数等于1，果实为圆形；小于1为扁圆形；大于1则为高圆形。果面如果具有明显的棱沟、果脐疤痕大（大果型疤痕直径大于1厘米，小果型大于0.5厘米）、果面有明显的疤痕或长有指突、果洼较大或木栓化程度大等，这样的果实都叫畸形果；果面有射裂、环裂（裂口长度超过2厘米时叫裂果）、皲裂（果面粗糙）等现象，以及空洞果、虫鸟伤害、日灼、脐腐果、机械损伤、碰伤、病果等都影响果实的形状和外观。上市番茄要求畸形果和裂果率低于15%，果形圆正、整齐、光滑。

4. 番茄的风味品质指的是什么？

果实的风味需要品尝才可知道。不同的人虽口感稍有差异，但优良的风味还是有普遍性的。风味是受果实中糖、酸的存在及其含量的多少、香气、果肉质地及汁液含量等综合影响形成的。

糖分多以可溶性固形物来代替。可溶性固形物含量高低一般与产量和果实大小呈负相关，即一般高产品种、大果品种含量低；自封顶型早熟品种含量低于无限生长中晚熟品种。所以生产上要选择固形物含量高的品种。提高番茄可溶性固形物含量主要应放在生理因素的研究上和栽培管理上，如适当抑制水分和氮肥，增加磷、钾及镁肥，都能提高可溶性固形物的含量。目前，生产上推广的普通鲜食番茄新品种的可溶性固形物含量在4.5%以上，樱桃番茄高达11%。

果实中起甜度作用的主要是可溶性糖，即果糖，其次是葡萄糖，蔗糖很少。高糖高酸风味优美；高糖低酸失去番茄的风味而味淡；高酸低糖则味酸；低酸低糖果实淡而无味，品质差。番茄心室中一般含酸都较高，心室占比例大的品种一般应含糖量高才能风味优美，而果肉中糖的含量比例大于心室，因此选择品种时注重果实心室大小以及果实大小和果实厚度的关系是很重要的。

酸度是番茄果实中酸含量的表现，酸度过低风味不好，但过高应相应增加糖的含量，才能在口感上有一个酸甜适度、味浓的感受。番茄果实中的酸味主要是柠檬酸和苹果酸等有机酸，无机酸很少。酸度与品种关系很大，也受栽培条件和栽培环境的影响，如土壤中钾浓度高，则酸量大，糖含量也高，风味好；水分多，游离酸减少；磷浓度高，则酸度低；高温和土壤养分供应不足，酸度增加，这也是番茄生育后期品质变差的原因。

番茄的口感由果肉中可溶性糖和酸的比值决定，当糖酸比为8时，番茄的口感甜酸适度，风味最好，过高偏甜，过低则偏酸。

番茄特有的挥发物是番茄固有香味的重要来源，也是体现番茄风味不可缺少的物质；果肉硬度是体现风味的基础，胎座大、果汁多、果肉可溶性固形物含量高、果肉沙质、心室大等都是番茄优良风味所不可缺少的因素。

5. 番茄的营养成分及含量是怎样的?

番茄果实有较高的营养价值，这也是人们喜欢食用番茄的主要原因之一。每 100 克成熟番茄鲜果含水分 94.8 克、碳水化合物 2.5～3.8 克，蛋白质 0.6～1.2 克，纤维素 0.6～1.6 克，脂肪 0.2 克，维生素 C 20～30 毫克、维生素 A 1 496 单位，叶酸 29 毫克，番茄红素(lycopene)4～14 毫克，钾 212 毫克、钙 5 毫克、镁 8 毫克，以及胡萝卜素、维生素 B_1、维生素 B_2、果胶物质、有机酸、多种氨基酸和铁、磷、硫、钠等矿物质元素。有关研究认为，每人每天吃 300 克新鲜番茄，基本上能满足人体每日所需维生素 A、维生素 C、维生素 B 和矿物质的需要。因此，有人称番茄为“营养小仓库”。然而，未熟番茄含有大量的“番茄碱”，多吃会发生中毒，出现恶心、呕吐及全身疲乏等症状，番茄成熟转色后这种有害物质就消失了。

6. 番茄的硬度与商品性有什么关系?

对鲜食番茄说来，多数消费者总感到果肉硬的品种在某种程度上影响口感风味，浓郁感稍差，但坚硬果肉品种耐贮藏和运输，可以延长市场销售期和减少贮藏、运输过程中的损耗，是一个不可忽视的优点。

近年来，随着番茄生产规模的扩大和番茄产区向偏远地区的发展，像对加工品种的硬度要求一样，生产者更需要硬度较高、成熟延迟、耐贮运的番茄新品种，而以往种植的软果肉型品种，尽管其品质优良，但也只是在当地城市近郊和农户自己消费时少量种植。番茄的硬度在遗传上是一个数量性状，主要受基因累加作用控制。目前，国外一些高硬度番茄品种是育种者多年合作选择的结果。我国番茄育种指标中要求番茄成熟果的硬度在 0.36 千克/厘米^2 以上。

番茄果实的硬度与果肉硬度、果肉厚度及心室大小都有关，与果皮厚薄、果皮坚韧度关系不大。一般番茄果实硬度与可溶性固形物含量成反比，硬度越大，风味越差。一般番茄成熟果实收摘后，细胞间果胶很快分解，细胞衰老、分解直至死亡，组织逐渐变软、食味变差，而且在烹调切片过程中汁液损失太大；而硬果番茄成熟达到上市标准时，品质表现还没有达到最优水平，还需要一段时间后熟才能充分表现出自身的风味。

尽管番茄的硬度和品质风味成反比关系，但对于番茄的商品性状来说这两者缺一不可，片面追求风味或硬度的番茄都不受市场欢迎。

7. 番茄的卫生品质指的是什么?

番茄的卫生品质主要指食用果实的卫生标准，市场禁止出售卫生品质不达标的番茄。卫生品质主要包括农药残留、硝酸盐含量、环境污染等。如果生产中农药使用不当，造成果实中化学农药残留超过国家规定标准；或施肥不当，造成果实中硝酸盐含量超过国家规定标准；或受栽培环境因素中的土壤、灌溉水、大气等污染造成番茄重金属含量等超过国家规定标准；或果实遭受影响人体健康的微生物污染等，都会导致番茄产品的卫生品质不达标，影响商品番茄的上市销售。所以选择优良的栽培环境进行无公害栽培，开展病虫害综合防治，减少农药使用，合理施肥等，对培育符合卫生品质的番茄很重要。

8. 什么叫番茄商品性生产?

番茄的商品性生产是指种植者为进行上市销售从而获得一定的经济效益所进行的规模性生产。它的含义包括以下内容：种植目的是为了上市销售，种植面积大小应根据销售市场的大小确定，可以是一家一户，也可以是一个村、一个乡，甚至更大规模的种植和销售；需要一定的生产投资；需要有临时的或永久的组织负责生产技术、产品检测、收购、加工、贮藏和销售等，通过改善栽培条件、提高生产技术、稳定番茄产量和质量，实现销售市场的稳定；通过番茄区域化布局和订单生产，稳定番茄种植效益；收益要进行成本核算。实际上，番茄的商品性生产就是番茄生产的产业化。

9. 为什么说番茄生产适应市场需求是发展番茄产业的基础?

不同的地区、不同的消费习惯、不同消费方式等，对番茄商品性状的要求不同，而且随着社会的发展和生活水平的提高在不断发生变化，因此适应市场需求进行番茄生产，是保持番茄产业健康发展的基础。它主要包含以下 3 个方面的内容。

(1)适应消费者的需要 消费者在选择商品时，首先是对外观的挑选，而不同的人对外观的要求相互间差别很大，红色与粉色、小与大、扁圆与高圆等，都直接影响消费者的购买欲望。如北方人更喜欢粉红果、大果型、高圆形的番茄，而南方大多数地区的消费者喜欢中小果型的红果番茄。生产中，我们在考虑大多数人消费需求的同时，也要适当进行特色番茄品种的生产，以弥补少数消费者需求的不足。

(2)气候原因导致的消费差异 如南方高温多雨，果肉软、果皮薄的粉果番茄和部分红果番茄很容易软化、腐坏、裂果，不耐贮运、上市率低、商品果率低、经济效益低，因此只能种植和消费中小果型的红果番茄，并成了当地的消费习惯。

(3)消费者对番茄商品性状的要求随着季节的变化而变化 冬春季节温度低，番茄的生长环境恶劣，常导致番茄果实畸形，但冬春季番茄上市量小，各种蔬菜的数量都少，消费者对番茄的商品性要求较低，即使果型较差、品质较低劣，甚至对果实的颜色也不再过分挑剔，仍表现出较强的购买欲望，而在其他季节则由于番茄上市量大或各种蔬菜水果充斥市场，消费者的选择余地大，因此对其商品性要求也相应提高。事实上消费者对番茄的商品性要求并不是一成不变的，番茄生产在适应市场需求的同时可适当引进种植稀有品种和特色品种，引导消费，实现番茄市场的多样性和市场繁荣。

10. 提高番茄商品性对发展番茄产业有什么意义?

提高番茄商品性对发展番茄产业的作用表现在以下几个方面：一是就产品来说，只有优良的商品性状才能得到消费者的信任，有利于市场流通，体现了番茄自身的价值。二是对种植者来说，产品卖得快，卖得净，收入高，就有成就感，发自内心珍惜自己的劳动成果，对田间的辛苦劳作也不再让人感到是一种艰苦难耐的工作，能节省出更多的时间、心情舒畅地进行田间生产和计划更好、更适合提高番茄商品性的种植方法，提高种植者的审美情趣，提高综合素质，进而提高菜农的番茄生产积极性。三是就市场来说，永远欢迎优良的商品上市销售，提高番茄的商品性可以增加番茄的市场竞争力，大大提高销售数量和销售价格，促进番茄生产的良性发展和市场的稳定。四是提高番茄生产力水平。番茄商品性的提高需要优良的品种和先进的栽培技术作支撑，以利于新品种、新技术的推广，从整体上提高番茄的生产力水平。

11. 影响番茄商品性提高的因素有哪些？

(1)人为因素 思想上对提高番茄商品性不够重视，重产量轻质量；对提高番茄商品性的栽培技术掌握不够，或在实际生产应用中打折扣。

(2)栽培设施条件落后 设施不能满足番茄正常生长所需的环境条件，导致逆境下番茄的商品性下降。

(3)品种和栽培技术欠缺 番茄营养丰富，可菜可果，市场需求量大、四季不断。设施园艺的发展为番茄四季连续不断的生产、上市提供了可能，但是不同的栽培方式对品种和栽培技术有不同的要求，加上市场需求千变万化，目前的番茄品种和技术条件还不能完全满足生产者和消费者对番茄商品性的要求。

(4)病虫害防治技术有待提高 番茄虽然丰产高效益，但番茄从种植到采收的时间长，采收期长，技术性强，用工量大，因此生产风险相对较高；加上近几年病虫害发生有加重的趋势，如果对病虫害的防治不当，很容易造成病虫蔓延危害或农药残留，从而影响番茄商品性的提高。

12. 番茄商品性栽培中主要存在哪些问题？

(1)不按照栽培技术要求操作 在轮作倒茬、栽培密度、激素使用时期和使用浓度、疏花疏果、浇水时间和方法、棚室管理方法、病虫害防治以及采后贮运等栽培操作技术上不按照栽培技术要求操作，是最常见的现象，也是影响番茄商品性的主要方面。

(2)不能正确认识和使用现有的生产条件 有的生产者不能正确认识和使用现有的生产条件，导致逆境种植番茄的商品性下降。如在建造不合格的日光温室中进行越冬栽培、在没有遮光条件的温室中进行越夏栽培等，常导致产量下降、番茄商品性降低。

(3)凭经验施肥 不能科学地施肥，而是凭经验施肥，造成土壤营养不平衡，缺素症发生严重。

(4)多次、过量农药使用现象普遍 严重影响了番茄的卫生品质。

(5)不通过试验盲目引种 盲目引种使生产遭受严重损失。不同的番茄品种，其生产适应性不同。因此，一定要先试种，或调查周围农户、示范区的种植情况后再引种，避免由于商品性差而遭受的损失。

(6)抵御自然灾害和预防新病害的能力差 抵御自然灾害和防治新病害的能力差，造成番茄产量不稳定。

二、影响番茄商品性的关键因素

1. 品种选择与番茄的商品性有什么关系?

商品性是区分番茄品种的主要性状之一,可以说市场对番茄商品性的要求就是对品种的要求。因此,在番茄商品性生产中一定要重视品种选择,注意解决好以下几个方面的问题。

首先,要重视不同栽培条件下对品种的选择。保护地特殊的环境要求番茄品种既抗热又耐湿,越冬栽培时还要耐低温,对抗病性要求也高,同时,由于保护地投资高,还要求品种丰产、优质。在适宜番茄生长的季节进行露地栽培时,基本上所有的番茄品种都可以采用,但如果是在夏季则要选择抗根结线虫、耐湿热、抗裂、转色好、叶量较大的品种,整体抗病性要强;在高山上栽培时最好抗晚疫病。在老菜田或重茬栽培时(最好不重茬),要根据番茄田间的发病情况和产量、效益情况,选择抗根结线虫、抗枯萎等抗性优良的品种。

其次,不同地区对品种的选择要求不同。不同地区的消费习惯和气候条件有差异。如我国南方高温多雨,如果种植大果型粉果番茄裂果严重,因此多选用中小果型红果品种,这也是当地消费的主流品种。而北方地区则以粉果、大果型为主,红果品种也是大果型;而在冬季,则由于番茄供不应求,对番茄的颜色和大小也不再挑剔了。

第三,不同栽培管理技术水平条件下的品种选择。条件好,栽培管理技术水平高,则选生长势较强的无限生长品种,进行长期栽培;否则可选择自封顶类型或普通的无限生长品种,进行短季节、多茬次栽培。

第四,如为赶市场,进行短期弥补淡季栽培,则选择早熟或极早熟自封顶类型品种,此类品种成熟早而且成熟时间集中。

第五,加强番茄新品种选育和推广,丰富番茄品种市场。一些新选育的番茄类型和品种,或对于某个地区来说属于新类型的番茄品种,只有通过示范才能够让消费者认识,扩大推广面积。

2. 栽培环境与番茄的商品性有什么关系?

任何作物都有自身适宜的栽培环境,番茄也不例外。在长期的自然选择中,番茄适应了周围环境的温度、湿度、光照、土壤和大气环境等,生长良好。在人工栽培时,为了适应市场的需要,采取各种措施进行种植,改变了番茄原有的栽培环境,因此各种病虫害相继发生,影响着番茄的产量、品质和卫生安全。人为创造适宜番茄生长的环境条件和在适宜的季节种植番茄,是充分发挥番茄特性和提高番茄商品性的关键。

3. 栽培模式与番茄的商品性有什么关系?

为了适应市场的需求,人们研究和应用各种栽培模式进行番茄生产,取得了较高的经济效益,如春、秋季露地番茄栽培,越夏露地栽培,越夏保护地栽培,春提前和秋延后保护地栽培,冬春茬和秋冬茬番茄保护地栽培、越冬日光温室一大茬栽培、智能温室栽培等,这些栽培模式受自然、设施建造技术和人为栽培管理技术等因素的影响,在商品性生产中都具有一定的风险性。效益越高的茬次对各项技术的要求越高,风险性越大,因此一定要不断提高栽培管理技术、有针对性地选择合适的栽培模式,达到预期的生产目的。

4. 栽培管理技术与番茄的商品性有什么关系?

栽培管理技术是对番茄商品性生产影响最大的人为因素之一。由于番茄生产的目的是在计划的时间内获得产量更多、商品性状更好的果实,取得最大的经济效益,因此在进行栽培管理时就要采取一切技术手段减少枝叶对养分的消耗、提高肥料利用率、增加养分向果实的输送量、提高坐果率和果实品质、避免或减轻自然灾害对生产的影响等来实现生产目的,而不是任由其自然生长、开花、结果。日常管理中的肥水管理、整枝打杈、保花保果、疏花疏果、遮荫防雨等都属于栽培管理技术内容,其中的每一项都关系着番茄商品性生产的成败。

5. 病虫害防治与番茄的商品性有什么关系?

相对于其他的蔬菜品种,番茄的病虫害应该说是很少的,但由于番茄的生育期长(从播种到第一次采收最少也要 90 天),很难避免感染病虫害。近年来,市场的需要推动了番茄生产的发展,引进品种和种苗增多、栽培面积扩大、种植茬次增加、保护地种植连年重茬等,导致番茄病虫害增多,如棉铃虫、烟粉虱、蚜虫、蓟马为害,生理性病害、真菌性病害、细菌性病害、病毒病和根结线虫病等都有增加的趋势。2005 年我国开始发现番茄黄化曲叶病毒病,一度造成广州、浙江、江苏、上海、河南等地的部分秋茬番茄绝产,因此生产上应加强管理,及时预测、预报和防治。

病虫害常常直接或间接危害果实,如果防治不及时可招致整个生产失败。番茄病虫害的防治要以预防为主,治疗为辅。在防治措施上,以农业防治、物理防治、生物防治为主,化学防治为辅。实行病虫测报,积极预防,同时综合采用农业防治、物理防治、生物防治和化学防治技术,降低农药使用量,将病虫危害控制在最低程度，以保证番茄的商品性。

6. 采收和采后贮运与番茄的商品性有什么关系？

番茄是连续开花、结果和采收的果类蔬菜。进入盛果期后，单株番茄的挂果量达 6 穗，都需要供给养分，及时采收有利于上部果实的膨大生长。番茄的采收时期关系到番茄采后的贮运品质和贮藏期、货架期，因此应根据需要适时采收。

番茄是多浆果实，只有到生理成熟时才能采收。由于有果浆，水分含量高，相比黄瓜、茄子来说，耐贮运性差，因此在采收和采后贮运过程中要做到精心细致。采收和采后贮运虽然对番茄的产量没太大影响，但采收时如果弄破果皮、贮运时被挤压或污染等都会降低番茄的商品性、增加损耗、降低销售品质，甚至丧失食品价值，直接影响生产效益。因此采收和贮运时要注意安全，采收期间尽量不打药或少打药，提倡使用生物农药，追施复合肥或有机肥；防止果柄或包装箱等扎伤、刺破或挤压番茄，保证贮藏器物或贮藏环境的卫生，以提高番茄的商品性和效益。

7. 安全生产与番茄的商品性有什么关系？

番茄安全生产贯穿于番茄商品性生产的始终。没有番茄的安全性生产，就没有番茄的商品性。番茄的商品性生产是以番茄生产的安全性为前提的，因此必须重视番茄生产的安全性。番茄的安全生产包括不使用国家禁止使用的农药，严格农药使用的方法、用量和次数，严格执行农药使用的安全间隔期，确保农药使用的安全性，避免农药对番茄的污染。

三、品种选择与番茄商品性

1. 选择品种如何适应市场对番茄商品性状的要求?

番茄的品种很多,特性各异。要想充分发挥品种自身的优异特性,生产出商品性状适合市场需求、达到理想收益的番茄产品,就必须根据市场需求、栽培条件、产品用途、栽培技术水平等有针对性地选择品种。

(1)根据番茄产品的销售市场选择品种 由于消费者对番茄的商品性要求千差万别,导致了市场上番茄品种的多样性,然而作为生产者不可能面面俱到,一般选择其中主流的品种生产,才能找到更广阔的销路。如在北方番茄市场上以大果型、粉红番茄为主(但冬季由于番茄奇缺,对果实颜色的要求也放宽了),而南方市场上则以中小果型、大红番茄为主;水果番茄多以口感优良的樱桃番茄、小番茄和串番茄等为主;出口番茄多以近扁圆形、中果型、耐贮运的大红果为主。随着人们生活方式的改变和生活水平的提高,对番茄商品性的要求也会有所改变。因此,生产中要根据市场的变化调整品种,实现生产与市场的结合。

(2)根据栽培条件选择品种 不同的番茄品种对栽培环境的适应性不同,根据不同的栽培条件选择适宜的品种,可以达到所选品种易种好管、病害少、抗逆性强、转色均匀一致、商品外观和品质优良、产量高、销路好。如越夏栽培采用的品种必须抗热、抗裂、果肉硬;露地栽培条件下还要求叶量相对较多,以避免果实灼伤;保温条件好的日光温室在进行越冬一大茬生产时可选用耐低温、弱光、抗叶霉病和不易早衰的无限生长品种;早春和晚秋弥补番茄市场淡季的栽培，要求番茄上市集中，采收期短，可以选用优良的自封顶品种。

(3)根据产品用途选择品种 番茄主要用作凉拌鲜食、烹制菜肴、作水果生食和加工制酱等。一般鲜食大果型番茄多用作凉拌鲜食和烹制菜肴，其中用作凉拌鲜食的番茄果肉要硬、果浆要少，保证菜肴的形状，而用于烹制菜肴时，一般要求果浆和胎座果肉为红色、果肉较软，烧出的汤汁色泽鲜红滋润。水果番茄要求外观上要好看，色泽鲜亮，重要的是生食时甜酸要适口，最好具有独特的香味或风味，可溶性固形物含量为 7%以上，平均单果重 20 克左右，不易裂果，但果皮相对较薄，便于生食。用作番茄酱的果实要求果肉硬，色泽鲜红、茄红素含量高，如可溶性固形物为 4%左右，茄红素含量最好每 100 克含 8 毫克以上；果实红熟一致，无青肩或青斑、黄晕等；胎座红色或粉红色，种子周围胶状物红色；出汁率高；抗裂性好，糖酸比适中，维生素 C 含量高。

(4)根据当地或生产者的栽培技术水平选择品种 新开辟的番茄生产基地，病虫害相对较少，在 2～3 年内可根据销售市场的需求选用普通的番茄品种，以后可逐步选用国内最新育成的多抗品种或进口的番茄新品种，可减少农药使用，提高番茄产品的安全性，同时也为新品种的选育赢得时间。初学番茄种植技术者，可选用无限生长类型、抗病抗逆性强和对激素使用浓度适应范围宽的品种，容易管理、用药少，不易产生畸形果，商品果率高。

2. 市场对番茄商品性的要求与品种选择的关系是什么？

消费者对番茄的商品性要求主要表现在外观、品质和价格上。如果实表面是否光滑，色泽是否均匀、光亮，果实的大小是否合适，总之要“顺眼”；品质上，农残是否超标，生食是否好吃，做菜是否达到汤色鲜艳等。随着人们生活水平的提高，消费者对番茄的商品性要求将会越来越高;价格上,总是希望能够便宜些。

生产者希望种出来的番茄不仅好看还要好吃,但更关心的是产量和效益。生产中常常通过多施化肥、多浇水、多用激素、多喷叶面肥等,催果长大、多结果,以提高产量和效益。目前,番茄市场供应相对丰富了,但很多消费者却抱怨现在的番茄没有番茄味了、也炖不出原来的红汤了。作为生产者,不能只是听听而已,应该有意识地通过选择品种和改进栽培技术来改变这种现状,除了提高产量还要注重产品的品质,提高产量能增加效益,提高品质也能增加效益。

生产者和消费者并不是对立的,消费者的需要促进了番茄生产的发展,反过来生产的扩大又给消费者带来了实惠,相互促进,协调发展,从而使番茄产业更快更好地发展。

3. 露地栽培选择品种的原则是什么?

在露地栽培条件下,虽然光照充足、照度强、光照时间长,通风条件好,但是不良的气候条件对番茄生长的影响大,易发生病毒病等。因此一般要求露地品种具有以下特点。

(1)叶量多 选叶量多、叶片大、生长势强的品种,防止产生日灼果。可选用红粉冠军、合作 908、中蔬 4 号、毛粉 802 等。

(2)抗病 选用高抗病毒病的品种。

(3)选择熟性早的品种 露地番茄受自然条件的影响大,应尽量缩短播种至采收的时间,降低生产风险。可选择早熟或中早熟品种。

(4)选择抗逆性强的品种 针对外界多变的气候,选择抗病抗逆性强的品种。这类品种一般成熟期较晚,多为大果型,品质优良,上市平稳,上市期长,效益较好。

4. 保护地栽培选择品种的原则是什么？

在保护地栽培条件下，光照差（新塑料薄膜的透光率为80%～85%、玻璃的透光率为85%～90%）、湿度大、通风不良、温度受天气影响大，易发生叶霉病、灰霉病、晚疫病、菌核病、早疫病等。因此保护地品种一般具有以下特点。

(1)叶量少 选叶量少、叶片稀疏、有利于株间通风透光的品种，以增加棚内群体受光能力，降低田间湿度、减少各种病理性和生理的病害，促进果实转色，促进早熟等。如冬春日光温室、早春大棚等可选用粉达、佳粉15、05H-15、金棚1号等，秋大棚或秋冬茬温室可选用春蕾、佳粉10号或毛粉802等。

(2)抗病抗逆性强 根据各地发病特点选用抗病、抗逆性强的一代杂交品种，如佳粉10号、中杂7号、中杂9号以及双抗2号等高抗番茄叶霉病的品种。此外，根据地区特点选用抗番茄枯萎病、根结线虫病的品种。越冬和早春栽培中还要选择耐低温的品种，以防止畸形花果的产生。

(3)选用易于坐果的大果型品种 这一点在越冬栽培中尤其重要。在冬季低温弱光条件下，番茄得不到足够的养分，膨大生长缓慢，果个小。大果型品种即使不能充分发育，其大小也能达到商品果的大小要求；而中小果型品种在冬季长期低温弱光下果实更小，几乎丧失商品价值。

(4)熟性选择 保护地的栽培条件相对稳定，但投资和用工总是比露地多，为了充分发挥其作用，应根据利用的时期选择合适的品种。早春一般是抢早，应该选用早熟或极早熟的品种，提高前期产量。如金粉早冠、金粉2号、太空6号、春粉2000等自封顶品种和佳粉系列品种。越夏保护地和秋冬保护地一般要求延后和延长采收期，提高总产量，因此可选用中早熟品种或晚熟品种。

5. 自封顶番茄品种的商品性特点是什么？

自封顶番茄又叫有限生长类型番茄。主茎生长6～7片真叶后出现第一花序，此后每隔1～2片叶着生1个花序，主茎着生2～4个花序后，顶芽分化为花芽，茎不再延伸，出现封顶现象。此类型植株较矮小，开花结果集中，表现早熟，成熟期集中。品种类型多样，生产上应用最多的是北方的大果型粉果品种和红果品种，南方多种植中小果型红果品种。自封顶类型品种由于叶片少、果穗多，与无限生长类型的品种相比，一般表现果个偏小、品质较差。近年来通过改进栽培技术，如疏花疏果(每穗留2～3个果)、留抚养枝等，提高了自封顶番茄的商品性和品质。此类品种多用于春提前和秋延后中小拱棚栽培，主要供应春季4～5月份和秋季10月份的番茄市场淡季，生育期短，管理简单，效益高。

6. 无限生长番茄品种的商品性特点是什么？

无限生长类型番茄的主茎长出7～9片真叶后着生第一花序，以后每隔3～4片叶着生一花序。主茎可不断延伸生长。此类型植株生长高大，生育期长，偏晚熟，单株产量高，丰产性好。由于叶片多、一般果个较大，品质优良，上市期均衡。品种类型多样，生产上常用的是偏北部地区的大果型粉果和红果品种和南方的中小型红果品种。该类品种生长势强，抗病抗逆性相对较强；生育期长，适合大架栽培、长季节栽培、树状栽培等，上市期长。越冬日光温室、冬春和秋冬日光温室以及越夏栽培选择的都是无限生长类型品种。

7. 怎样做到良种配良方生产优质番茄？

任何一个优良番茄品种，之所以称之为良种，就是因为该品种自身具有优良的特性，如抗病、优质、丰产、耐贮运、抗裂等。要想让良种的优良特性发挥出来、为生产服务，就要靠不断通过试验摸索与之相配套的栽培技术，并推广到生产实践中。只有良种配良方才能充分发挥品种的优良特性，生产出符合市场需要的优质番茄。

良种也有一定的生产和市场适应范围，一听说哪个品种好就盲目地引进推广，那是一种不讲科学的态度。比如在河南番茄生产中，大部分是粉果番茄品种，如果有人向你推荐一个优良大红果品种，可能你很容易就拒绝了，但如果推荐的是一个粉果品种，你可能就想种了。这时千万要做进一步深入的了解，弄清新品种是哪里选育的、推广几年了、是保护地品种还是露地品种、是越冬栽培还是春秋季栽培、开花坐果情况如何、果实大小等，如果感觉新品种推广时间短，把握不大，可以拒绝；如果担心错过种植时机，可以少量引进对比观察，表现好，以后就可以放心引进了；如果当地有种植户引进试种表现好，也可以直接引进。千万不可听信宣传，盲目更换品种，一旦对新的栽培环境不适应，将影响一茬番茄的产量和效益。

8. 如何选择春秋露地栽培的番茄品种？应注意什么事项？

春秋季节光照充足、雨水较少、气候温暖，一般是最适宜番茄生产的季节，基本上所有的番茄品种春季都可以栽培成功，这也是春番茄(6～7 月份上市)过剩的主要原因。但是，如果遇上春旱、高温、强光、病毒病流行的年份，条斑病毒病发生危害严重，所有的品种都很难避免其危害，常常导致春番茄稀缺。而在保护地栽培条件下，病害就可以完全避免了。品种选择参照露地品种选择原则。距离销售市场远的番茄产区，要注意选择耐贮运的品种，如金粉早冠、红粉冠军(露地)等。

9. 如何选择露地越夏栽培的番茄品种？应注意什么事项？

夏季高温多雨，病虫害严重，是病毒病和根结线虫的高发期，在选择品种时，除遵循露地品种的一般选择原则外，还要选择抗病毒病、抗根结线虫、抗高温高湿(避免芽枯病发生)、不易徒长、易坐果、抗裂果、果肉硬、耐贮运的品种。多选用无限生长类型品种，抗逆性强。如百利、红粉冠军(露地)、合作 908、丽春、L402 等。

10. 如何选择春提前小拱棚、大棚及冬春保护地栽培的番茄品种？应注意什么事项？

采用春提前小拱棚和大棚栽培方式的番茄，播种期正值低温，栽培目的是早上市，成熟越早，效益越高，因此在选择品种时，除遵循保护地品种一般的选择原则外，还要求所选品种具有较强的耐低温性，低温弱光下花芽分化正常，畸形花果少；早熟或极早熟，易坐果、果实膨大快、转色良好的中、大果型品种。可选用自封顶类型品种金粉早冠、金粉 2 号、春粉 2000、粉冠 888 等，以及无限生长类型品种粉达、中杂 9 号、金棚 1 号等。此类茬口的番茄生长后期温度高，最好是不撤棚膜、通大风，直至采收结束，防止感染病害。

11. 如何选择秋延后小拱棚、大棚及秋冬保护地栽培的番茄品种？应注意什么事项？

此类茬口的番茄生长前期温度高，在露地生长；后期温度低，在保护地生长。在选择品种时，要遵循保护地品种选择原则，同时还要求所选品种抗根接线虫病、既耐高温又耐低温和弱光。以选用无限生长品种为主。可选用合作 906、春蕾、英石大红、仙客 1 号、2 号、3 号等。秋季是番茄黄化曲叶病毒病高发期，育苗时最好使用防虫网预防烟粉虱的危害和传毒。

12. 如何选择越冬日光温室栽培的番茄品种？应注意什么事项？

越冬日光温室番茄的生长期长，经历的气候条件变化大，采收期长，产量和效益高。因此在选择品种时，除遵循保护地品种的一般选择原则外，还要求所选品种具有耐低温弱光，连续坐果能力强，生长势强，不易早衰、幼果无青果肩（有利成熟转色），耐激素，畸形果和裂果少等。宜选用无限生长类型杂交一代番茄品种，如中杂 9 号、粉达、毛粉 802、金棚 1 号、冬胜等，以及国外进口品种达尼亚拉、阿乃兹等。

13. 如何选择越夏保护地栽培的番茄品种？应注意什么事项？

越夏保护地番茄生产的主要特点是高温高湿，在选择品种时，除遵循保护地品种选择的一般原则外，还要求所选品种必须在高温高湿条件下能够正常生长、开花结果和转色。可选用百利、达尼亚拉、中杂 9 号、佳粉 17 等。如果选用露地品种，栽培密度一定要降低，防止田间徒长，可选用的露地品种有红粉冠军、合作 908 等。

14. 青果肩番茄有什么商品性特点？

20 世纪 90 年代初期以前，生产上推广的番茄可以说都是青果肩的品种。所谓的青果肩就是番茄幼果期果肩部颜色明显比其他部位的绿色深，此类果实成熟时，果实顶部首先转红，果肩部最后转色。有些品种转色快，转色均匀，而有些品种转色时，果肩部变黄，或先变黄后再转正常颜色，果面颜色不均匀，感官不新鲜，影响市场销售。有些品种（如齐研矮粉）成熟后果肩还带着绿色。最初感觉红绿搭配看着挺新鲜，可后来消费者认为绿色是番茄不成熟的象征,不成熟的番茄含有毒素,食后会中毒,影响了市场销售。可是这类番茄如果等到肩部转红后就已经进入完熟期了,果实开始变软,尽管品质风味达到了最佳时期,但运输损耗加大、货架期缩短,商品价值大大降低。因此,青果肩番茄的市场受到限制,多用作就近销售栽培。目前市场上已经有硬果型青果肩番茄新品种的种植推广,相信它很快将得到市场的认可。

15. 无青果肩番茄品种受市场欢迎的原因是什么? 存在什么缺点?

无青果肩番茄品种不存在果肩转色慢的问题。番茄成熟转色时先从果蒂部开始转色,整果转色,果色再由浅转深,这样的转色方式正好符合生产者和消费者的要求,一旦转色即可采收,果肉硬,耐贮运,在贮运的过程中再逐渐转色充分成熟,从而提高了番茄的品质。然而也有不少消费者抱怨,说现在的番茄不好吃(没有番茄味)、炒菜没有混汤,汤汁也不红。笔者认为这主要还是番茄的成熟度不够引起的,如果换成青果肩品种,全部转色后是品质最好的时候。也有的研究证明,无青果肩番茄品种的营养含量确实不如具有青果肩的番茄品种。尽管如此,“先入为主”,消费者还是愿意挑好看的买。

16. 果型大小与番茄商品性生产有什么关系?

果实的大小受花芽分化期子房分化的细胞数目、细胞生长的大小和细胞间隙大小等三方面的影响,任何一方面受到影响都会影响果实的大小。而这三方面的发育情况受品种特性和环境条件的影响很大,栽培上应该考虑市场需求,选择适宜的品种和采取适宜的栽培技术措施。

我国广大地区习惯种植和消费大中果型番茄品种,在这类品种中,总的来说还是大果型番茄更受市场欢迎。但也不能盲目求大。有句俗话说"识货不识货,专拣大的摸",也就是说不管你懂不懂,买东西就挑大个的,准没错,吃不了亏。以往的番茄由于品种和栽培技术的原因,300 克以上的大个番茄确实很少,都成了稀罕物,加上番茄价格也低,消费者争相购买。近年来,推出了一批大果型番茄品种,加上栽培技术的进步,500 克以上的番茄在市场上很常见,但又出现了卖大果难,没人要。原因是番茄价格涨了,买一个番茄就要几元钱,现在家庭人口又少,做一顿饭用不完,生吃也吃不完,太浪费了。因此番茄的大小要适中,一般来说,单果 200 克左右就完全可以满足市场的需要了。

选择品种时要考虑到自己的生产条件和栽培技术,冬季栽培、土壤肥力中等以下、栽培技术欠缺时,一般可选用大果型的品种,否则可选用大小适中的品种,生产中可采用相应的栽培技术来调整植株的生育状况,从而控制果实的大小。

17. 软果番茄品种在番茄商品性生产中的应用情况怎样?

软果型番茄品种的果实具有较多的果浆,品质优良,但成熟快,转色至完熟期时间间隔短,一旦完熟,果肉变软,品质开始急剧下降,变差,并开始腐烂。这种情况尤其在夏季高温期和经过乙烯利处理的果实上表现更明显,常常由于采摘不及时和在运输途中挤压以及销售不及时(隔日销售)造成损失。随着番茄规模化生产的发展和番茄产区向偏远地区的转移,软果型品种的市场占有率迅速减小。但在就地销售和种植面积较小的情况下,仍然可以采用软果型品种,以满足消费者对番茄鲜食品质的需求。

18. 大红番茄和粉果番茄的商品性差异是什么?

20 世纪 80 年代以前,国内番茄市场上以推广种植大红果类型的番茄品种为主，这些品种的果皮厚，果蒂部木质化程度高，可食率低，口感酸，品质差，人们不喜欢生食。粉红番茄新品种育成推广后，完全改变了这种状况，具有果皮薄、果蒂小、无木质化、果肉质沙、酸甜适宜(糖/酸为 7～8)或偏甜，生食口感好，做菜汤汁浓，深受消费者的欢迎。进入 20 世纪 90 年代后，粉果番茄很快取代了大红果番茄的市场，这在我国中北部地区表现尤为明显。研究表明，粉果番茄的营养含量确实高于大红果，口感优良。

事实上，大红果和粉红果番茄的差别主要表现在果皮上，大红果的果皮为黄色，粉果番茄的果皮透明无色，果肉均为粉红色，并不是所有的粉红果番茄品质都好。国际市场上销售的番茄品种和大量的加工番茄品种多为大红色。主要因为多数大红果番茄的果皮较粉果品种厚、韧，更抗裂果、耐贮运，货架期长。我国南方气候湿热，雨水多，生产上仍以大红、耐贮运番茄品种为主。随着科技的发展，品质优良的大红果番茄新品种不断问世，相信大红番茄在市场上占有率会逐渐有所提高。

19. 小果番茄的商品性特点是什么?

小果型番茄多以生食和观赏等为主，这是它与大番茄的不同点，紧紧抓住这个不同点开展生产，才能赢得市场，丰富番茄销售市场的花色品种。小番茄有成串采摘的、有单个采摘的；小巧玲珑，形状多样，有圆形、椭圆形、梨形、长香蕉形、棒状等；五颜六色，有红色、粉色、绿色、黄色、彩色、紫色等，仅从外观上看，用于观赏就有很好的市场。选用品质优良的品种，生产上通过增施饼肥和钾肥以及适量供水等提高果实品质的栽培技术措施等，相信中小果番茄在番茄大家族会占有一定的位置。

20. 番茄叶量的多少对番茄商品性生产有什么影响？

这里的叶量是指单株番茄的叶面积。一般叶片宽大、节间短的番茄品种表现叶量大。叶量大的品种适合露地栽培，一方面能更好地为果实遮挡强光，防止灼伤；另一方面，叶片光合作用制造更多的养分，供果实生长，有利于提高产量和果实品质。应该注意的是，叶量大的品种栽培时要适当稀植，确保田间通风透光，防止田间郁闭引起的植株徒长和筋腐病等病害的发生。

21. 果肉硬的品种商品性就好么？

一般地说来，消费者在购买番茄时，首先是看番茄果实的颜色，其次是摸或捏，总感到硬实一些的果实新鲜。由此一些生产者认为果肉硬的番茄商品性好。事实上，由于番茄市场上流通的时间不同，对果肉硬度的要求有一定差别。硬果番茄更适合在市场流通时间长时应用。出口番茄由于流通时间长，常选用高硬度、长货架期的番茄品种，通过数日或数周的贮藏、运输等，到了消费者手里时也已经成熟变软、适合食用了。而在国内，这些番茄采收后，很快就会上市销售，消费者买回食用时番茄没有充分后熟，手感过于硬实，品质差，难吃，消费者购买一次后再也不会购买第二次了。硬和软是相对的，根据市场需求选择品种，并按照番茄果实的生长发育期选择适宜的上市时间和销售时间，保证采收至销售结束时果实的硬度适中，是生产上应当做到的。

22. 转基因番茄的商品性如何？

转基因番茄是通过遗传工程人为改变番茄种子中的遗传物质（DNA，即脱氧核糖核酸），从而获得没有经过自然进化形成的番茄新品种。转基因番茄能更好地防止病虫危害，抵御干旱，提高产量和营养成分等，能够满足人类对食品不断增长的需求，发展前景十分广阔。然而，转基因番茄及其制品是新事物，大多数人对它了解甚少，加之宣传不够，使人们对其安全性存有怀疑。事实上，转基因食品上市前都要在联合国粮农组织和世界卫生组织联合委员会的监管下，在生产国进行无害性评估，主要评估转基因食品有无毒性及对环境的影响。最近，世界卫生组织公布了有关转基因食品的调查报告，系统而全面地阐述了转基因食品的现状与未来发展趋势。该报告旨在消除人们对转基因食品的疑虑，使现代生物技术能造福人类。因此，种植经过无害性评估的转基因番茄品种不会影响番茄的商品性。

23. 樱桃番茄品种的商品性特点是什么?

樱桃番茄果实小，产量低，以前多是宾馆、饭店消费为主，经济价值高。随着人们生活水平的提高，美味的樱桃番茄开始走进了寻常百姓家，成为受欢迎的水果。不管是樱桃番茄还是番茄，在上市旺季，往往价格也很低，而且销售量小，效益低，因此，樱桃番茄的上市期只有放在市场淡季，才能够充分体现它的价值。生产上多选用果穗长、果穗多的高产品种。常用品种有圣女果和绝色菲娜等。该类番茄主要用作鲜食，其外观性状和内在品质同等重要，共同影响其商品性。在樱桃番茄商品性生产中，过小的番茄往往采收困难，超过 20 克果个显大，生食又不方便。一般种植的是单果重 15～20 克的品种。在樱桃番茄的形状上，消费者和餐馆还是喜欢椭圆形或柱状形品种，这样便于装盘和取食，多数圆形品种容易裂果。在颜色上，要求品种转色要均匀，色泽鲜亮，没有虫疤和病斑等。在品质上，风味一定要清香，可溶性固形物含量为 8%以上。在口感上，果肉要有一定的硬度，耐压、抗裂，果皮与果肉紧密相连，果皮薄。

24. 出口番茄品种的商品性特点是什么?

番茄为多浆果实,按照国内的消费习惯,消费者喜欢新鲜的蔬菜,夏季采收后放置1天的番茄,光泽度变差,就影响销售,更不用说出口了。因此生产上选用适合出口的品种,才能经得住出口过程中的长距离运输、经历多次的检测和转运等。

出口番茄在外观、果型和颜色上要符合进口国的消费习惯,具有果肉硬、果皮厚、果实大小均匀、适合装运、色泽鲜亮、货架期长等特点;在栽培上,一定要选用适合当地栽培条件的品种,加强田间管理,使卫生品质达到进口国的检测标准。目前国内种植的长货架期番茄品种主要有来自美国、以色列、西班牙等国的撒恩、红福、卓越、卡依罗、多非亚、乐家、哈特等。近年来,国内培育和推广了一批适合出口的耐贮藏、耐运输、初转色后常温下可贮存20～40天的长货架期番茄品种,给番茄的出口开辟了广阔的前景。

25. 串番茄品种的商品性特点是什么?

串番茄又名穗番茄,是成串收获上市的新型番茄品种。其果实有大(单果重150克以上)、中(单果重80～150克)、小(单果重80克以下)之分,多呈橘红色或红色,含有丰富的矿物质、氨基酸和维生素,在果实硬度、萼片质量、果穗货架寿命、果实颜色和果实品质等方面表现良好,作为一种新型的番茄类型,深受消费者欢迎,栽培面积逐年扩大。该品种萼片肥大,不易干燥和黄化;植株承载果实能力强,能同时承载10穗果,一般可比普通番茄多2穗。果穗呈鱼骨状,花穗短缩,果实紧贴在花穗上,整串果实排列优美。果实多为红色,大小、形状和颜色整齐一致。果肉硬,抗裂、耐贮运、货架期长,果实转红后能在果穗上保留15天以上而不软化、不裂果,并可长时间保留在果穗上不脱落,货架期在20天以上。

26. 其他番茄品种在番茄商品性栽培中如何应用?

作为生产上的补充和消费者追求新奇心理的要求,一些新、奇、特番茄品种也具有一定的消费市场,各地可根据当地的经济发展状况和市场需要适当选择种植。

(1)黑番茄 黑番茄果实为红黑色,药食兼用,是番茄家族中的珍品,具有浓郁的水果香味,营养价值高,酸甜适度,特别适合鲜食,含有比红番茄更大量的茄红素、花青素和维生素C及抗氧化剂,容易被人体吸收,满足人们对身体健康和营养的需要。目前,从美国和德国引进和联合研制的品种有黑圣女(黑珍珠)、黑马奶、黑皇后、黑金刚等。

(2)番茄树 这些被称之为"树"的番茄,高为2～2.5米,"树冠"面积40～50平方米,上面挂满了红红绿绿的果实。目前,在我国已经实现每一株年结果数达上万个。品种一般选用以色列的R144、荷兰的百利、北京蔬菜研究中心培育的佳红4号等。多采用基质栽培或水培,要求栽培条件高。一般只是作为观光,不适宜进行商品化生产。

(3)香蕉番茄、梨形番茄、绿番茄、彩色番茄等 这些品种可以作为番茄商品性生产的补充,满足消费者对番茄品种多样性的需求或作为旅游观光时种植,不适宜盲目规模栽培。

四、栽培模式与番茄商品性

1. 番茄的栽培有哪些模式?

番茄属喜温蔬菜,不耐高温、怕霜冻,因此,冬季低温地区采用日光温室增温、保温,夏季采用遮阳网降温,一年四季均可进行番茄生产,周年供应市场。由于各地经济条件、生产水平和栽培技术水平的差异,采用适宜当地条件的番茄栽培模式,可实现预期的产量和效益,并随着生产的发展,不断改善生产条件,提高番茄产量和品质、提高生产效益。目前番茄的栽培模式主要如下。

(1)露地栽培模式 这仍是目前番茄生产中的重要栽培形式,包括我国中北部地区的春、秋露地番茄生产和南部地区的冬季露地番茄栽培模式,以及近年来发展起来的夏季高山番茄和平原露地越夏番茄生产模式等。

(2)保护地栽培模式 随着社会经济条件的不断改善,保护地栽培面积不断扩大,栽培模式多样化。主要有冬春茬栽培模式、春提前栽培模式、秋延后栽培模式、秋冬茬栽培模式、越冬一大茬栽培模式以及越夏保护地栽培模式等。栽培形式有塑料大中小棚、一面坡大棚、日光温室、智能温室等。

2. 春露地番茄栽培模式及其商品性生产的特点是什么?

我国北方春季气候温暖,光照充足,适宜番茄生长,栽培面积大,上市期集中,市场供应充足。春露地番茄栽培一般在 4 月中下旬定植,7 月底前拉秧。

春季的气候变化特点是气温和地温由低不断走高,其中最适宜番茄生长的时间，在河南也只有 2 个多月，而番茄从播种至开始采收最快也需要 3 个月。为了把番茄的开花结果期安排在气候条件最适宜的季节，提高番茄产量和延长上市期，生产上常采用以下 4 种措施。

(1)提前育苗，断霜定植 番茄苗期生长缓慢，春季低温期苗龄长达 60 天。采用设施集中育苗时，占地面积小(按每 667 平方米种植 4 000 株计算，仅需要 1～2 平方米播种床；40～50 平方米分苗苗床)，便于管理，有利于提高番茄成活率和幼苗质量。

(2)带土坨定植 当外界条件适合番茄生长时，番茄开始定植于大田。带土坨定植可减少伤根，缩短缓苗期，提早成熟，增加产量。

(3)采用地膜覆盖栽培 由于春季地温低，多采用地膜覆盖埂栽，以提高地温，促进番茄根系发育和植株健壮生长。

(4)选择早熟类型品种 有利于提早上市，增加生产效益。

该栽培模式的突出特点是生产投资少、对栽培技术水平要求一般，番茄品质好、无公害程度高、产量高；其缺点是受外界自然条件的影响大，产量不稳定，产量和效益不成正比。

3. 越夏露地番茄栽培模式及其商品性生产的特点是什么？

越夏露地番茄多是赶茬口，如麦茬、蒜茬、洋葱茬等，也有专业种植。该茬番茄的生长期基本上处于夏季高温多雨季节，病虫害严重、产量低，但上市期正值夏季番茄市场淡季，经济效益高。一般在 6 月中旬前后定植，10 月下旬(霜降)拉秧。

定植时天气逐渐变得炎热、多雨，易诱发番茄病毒病。在生产上多采取以下栽培措施。

(1)选择品种 应选择抗病抗逆性强的中晚熟番茄品种，尤其是高抗病毒病的品种。

(2)培育适龄壮苗 多采用营养钵育苗。该茬番茄育苗期气候温暖适宜，幼苗生长快，苗龄一般 45 天；同时由于定植时温度高，伤根过多会引起病毒病等病害的侵染，因此生产上多采用营养钵培育适龄壮苗。

(3)适时定植 在夏季高温到来之际，番茄枝叶一般已封垄盖地，使地面不裸露，创造了一个荫蔽、地温较低的小气候环境。如定植太晚，地面裸露，地温太高，对生长不利。据报道，番茄在 4 穗果都坐住，第一穗果达到绿熟期时，植株耐病能力最强，因此适时定植有利于越夏番茄产量的提高。

(4)高畦栽培 夏季雨水多，采用高畦栽培可预防番茄涝灾，提高番茄根际周围的土壤通透性，增强根系活力和植株抵抗力。

(5)地面盖草、遮荫、降温 为避免高温，可在畦埂间覆盖稻草、树叶；降热雨后灌井水；进行根部培土或与高秆作物间作套种等，可有效降低地温。根据试验，定植后盖麦秸(厚 2～3 厘米，铺满地面)的田间，中午 10 厘米地温比露地降低 1℃～2℃，病毒病病情指数明显减轻，增产 22.6%。

(6)合理密植 夏季高温多雨，番茄容易徒长，如栽培密度过大时，田间郁闭，坐果率低、病害重，因此要注意合理密植。

(7)及时整枝打杈 合理选留枝叶，防止高温伤害。

(8)适时早采收 夏季温度高，番茄转色快，适时早采，有利于减少裂果和上部果实的生长发育以及产量的提高。

(9)加强肥水管理 夏季温度高、雨水多，追肥要少施、勤施、集中施，以减少肥料流失。

(10)适时打顶 为了提高产量和供应秋淡季番茄市场，该茬番茄一般在 9 月上旬打顶，霜降以后拉秧，或根据生产需要，在拉秧前 40～45 天打顶，拉秧前将进入绿熟期的果实采下自然贮存、催熟上市。

此外，要加强田间管理和病虫害防治。

该茬番茄的特点是生产投资少，但由于气候条件恶劣，番茄品质差、适宜的栽培品种少、番茄产量低，受环境条件影响大。因此对栽培技术要求较高。

4. 秋季露地番茄栽培模式及其商品性生产的特点是什么？

我国北方秋季气候温暖，光照充足，适宜番茄生长。但由于苗期温度高，病虫害严重，适宜的生长期短，产量低。上市期正值秋番茄市场淡季，效益较好。该茬番茄栽培面积相对较小。一般在7月中下旬定植，9月下旬开始上市，10月下旬拉秧。

秋季的气候变化特点与春季相反，气温和地温由高逐渐变低，霜降过后，气温已经不适合番茄生长了，其中最适宜番茄生长的时间短（以河南为例不足2个月），因此生产上常采用以下措施。

(1)选择适宜品种　注意选用早熟抗病毒病、耐热番茄品种。

(2)重视抓好苗的质量　苗的质量是生产成败的关键，要提前采用大营养钵遮荫育苗，采用无病虫土育苗，苗龄25～30天。苗期注意防治茎基腐病、根结线虫病、潜叶蝇等病虫害。

(3)适当密植　采用埂栽，每667平方米定植4 000株左右。

(4)苗期和生长前期，加强肥水管理　避免田间积水，用生长调节剂控制植株生长，促进花芽分化；加强病虫害防治。

(5)早打顶　留2～3穗果打顶，促进早熟。

(6)及时采收贮藏　当夜温降至13℃时，及时将已达商品果大小的果实采下，分层摆放在通风的室内，夜间关闭门窗保温，随时挑拣成熟转色的果实上市。由于此期番茄上市量逐渐减少，价格走高，再加上环境温度条件有利于番茄着色，因此一般不提倡用乙烯利催熟。

该栽培模式的突出特点是生产投资少、对栽培技术水平要求较高，生长前期田间管理困难，后期管理简单。受自然条件影响大,栽培难度大,产量低,产量和效益成正比。

5. 春提前保护地番茄栽培模式及其商品性生产的特点是什么?

春提前保护地番茄多采用中小拱棚或简易塑料大棚栽培。设施简单,上市期较春露地番茄提前15～20天,经济效益显著。一般在3月上中旬定植,5月上中旬上市,6月底拉秧。

中小拱棚的跨度2.6米,高约1.1米,用4米宽的塑料薄膜覆盖。简易塑料大棚有钢管骨架、竹木结构和复合材料骨架,跨度有6米、8米、12米、14米不等,覆盖薄膜有单幅、三幅和四幅。这些简易保护设施的特点是升温快、降温也快,保温效果差。想要提前定植,就要增加保温覆盖层,如中小拱棚上加盖草苫以及草苫上再加盖塑料薄膜,大棚内拉二道幕、三道幕,或套小拱棚,大棚周围围草苫保温等。为了早熟,生产上常采用以下栽培措施:①选择早熟、耐低温品种。②早播种,培育带大花蕾的壮苗,苗龄60天,带大土坨定植。③加强田间管理,防止徒长,增强植株抗寒性和及时预防春季低温冻害。④适当密植(一般每667平方米定植4 000株左右),采用单干整枝,留3～4穗果打顶,促进早熟。打顶时保留1～2个叶片为上部果实遮荫和提供营养,防止上部空果、发生日灼或转色不良。⑤春季番茄成熟期越早,效益越高。当果实充分长大至白熟期时,用乙烯利催熟。⑥加强田间管理和病虫害防治。⑦应该注意的是,该茬番茄生长后期温度高,应加强通风,最好不要撤去棚膜,以防止春季高温、强光、干旱和蚜虫为害引发条斑病毒病给生产带来损失。

该栽培模式的的特点是:设施的建造结构简单,生产投资较少,栽培容易,上市期正赶上春季番茄市场淡季,经济效益高。要求种植者具有一定的栽培管理技术,关键是促进早熟;生产的番茄品质好。

6. 冬春保护地番茄栽培模式及其商品性生产的特点是什么?

与春提前保护地番茄栽培模式相比,冬春保护地番茄的上市期更早,产量高,经济效益显著,但对栽培设施的要求和种植者的栽培管理技术要求也更高。一般2月上中旬定植,4月中旬上市,6月底拉秧。要求具有一定保温覆盖条件的普通日光温室。该茬番茄生长前期温度低,应注意增温保温,如夜间在草苫上再加盖浮膜保温;后期温度高,需要加强通风。全程覆盖栽培,不撤膜,提高番茄商品品质。生产上采取的栽培技术措施有如下五项。

第一,选择无限生长类型中早熟丰产品种。

第二,培育壮苗,苗龄为55～60天,带大花蕾定植。

第三,加强保护地内温、湿度管理。前期外界气温低,以保温为主,中午进行适当小通风。2月下旬以后,气温回升,通风可逐渐加大,通风时间适当延长。果实坐住以前,晴天保持22℃～25℃(阴天可降低4℃～5℃),夜间保持12℃～14℃为宜;进入结果期,晴天保持26℃～28℃,阴天保持20℃～25℃,但夜间温度不能高,应从日落时17℃缓慢下降,以利于养分贮运,至日出前可降至12℃,阴天可降至8℃,较低的夜温消耗小,有利于养分积累。先从棚顶开启两块棚膜叠压处通风,随天气转暖可再开后窗,最初晚上可关闭,4～5月天气炎热,顶部风孔和天窗可昼夜开启。后期高温如用通风调节不了,可浇水或遮荫降温。

第四,采用单干整枝,直立架绑蔓。结6穗果后,上留2片真叶打顶。

第五,及时催熟上市。

该栽培模式的特点是:栽培风险小,丰产、优质高效益。设施的建造结构较复杂,需要较高的生产投资,对栽培管理技术要求较高。

7. 越夏保护地番茄栽培模式及其商品性生产的特点是什么?

与露地越夏栽培相比,保护地番茄越夏栽培的风险小,产量高、效益好。但生产投资较高。一般 6 月上旬至 7 月上旬定植,8 月上中旬上市,11 月份拉秧。

该栽培模式主要利用春季的旧塑料大棚或冬暖式大棚,撩起周围棚边,拉起防虫网,防虫又通风,进行越夏避雨、遮荫、防虫栽培。夏季高温高湿,番茄植株生长不良,容易徒长,开花坐果率低,病虫害严重,生产上常采用以下栽培措施。

第一,选用耐热、耐高温、耐强光、抗病性强的品种。一般粉果品种耐热性好,如佳宝丽、毛粉 802、卡罗林那、特大瑞光等。

第二,采用营养钵育苗移栽。对种子和育苗土进行消毒处理,防止幼苗带病和感染根结线虫。

第三,加强肥水管理,采用夜间浇水降温。及时清除地面青苔,增强土壤通透性。

第四,当温度超过 32℃时,中午前后用薄草帘或 45%遮阳网遮荫。

第五,合理密植与及时整枝。适当稀植(每 667 平方米栽 2 000 株),单干整枝,吊蔓栽培。生长期发生徒长时,可用矮壮素控制。结 6~7 穗果后,上留 2 片真叶打顶。

第六,加强病虫害防治、保叶保果。

第七,适当早采收,促进上部果实和植株生长。

第八,9 月 20 日前后打顶。

该栽培模式的特点是:栽培风险小、产量高,效益好。产量和效益成正比。

8. 秋季延后番茄栽培模式及其商品性生产的特点是什么?

与秋季露地番茄栽培相比,秋季延后栽培只是在生育后期进行简易的大棚覆盖,以延长番茄的生长期,提高产量和效益。栽培风险小。秋延后番茄的播种期在7月20日左右,8月中旬定植,10月中旬覆盖塑料薄膜,11月上旬开始采收上市,11月底拉秧。

该茬番茄育苗期和生育前期温度高、雨水多、病虫害多,对番茄生产的影响很大,抓好这一时期的管理,是栽培成功的关键。生产上常采用以下栽培措施。

第一,选择抗病毒病、耐高温的无限生长类型品种。

第二,进行种子消毒、采用无土或无病虫土营养钵育苗,防止病虫危害,培育壮苗。

第三,采用单干整枝,及时整枝打杈,留3～4穗果打顶(9月20日前)。

第四,加强肥水管理,高温期及时浇水降温,发现徒长,及时用矮壮素控制。

第五,10月中旬覆盖塑料棚膜。盖前1周浇1次水,待土壤松散时进行1次浅中耕,并用代森锰锌加杀毒矾或瑞毒霉进行病害防治。盖上薄膜初期,不关闭风口,昼夜通风,随着外界温度的降低,逐渐进入正常管理。

第六,催熟。采收后期,气温低,番茄转色缓慢,可在棚内挖宽1米,深15厘米的沟,下面铺上塑料薄膜,将已经长成商品果大小的番茄采下,用乙烯利处理后(果面不能带水滴),在薄膜上摆放3～4层,上部用塑料薄膜覆盖保湿,中午揭开塑料薄膜通风散湿,防止结露引起裂果和发生病害;夜间用棉被或草苫覆盖保温,隔日察看倒翻,拣出红熟果实上市。

该栽培模式的特点是:由于生长前期温度高,病虫害较重,对栽培管理技术要求较高，产量和效益较秋季露地番茄大幅度提高。产量和效益成正比。

9. 秋冬保护地番茄栽培模式及其商品性生产的特点是什么？

与秋季番茄延后栽培相比，秋冬保护地番茄生育后期的温度更低，要求具有覆盖保温条件的普通日光温室，生产投资增加。采收上市期可延长到元旦前后，产量高，栽培效益好，风险小。秋冬保护地番茄的播种期在7月底前后，9月上中旬定植，10月中旬覆盖塑料薄膜，11月中旬开始采收上市，翌年1月份拉秧。

该茬番茄播种后，气温逐渐降低，有利于番茄的生长。生育后期温度低，需要加强保温。生产上具体的做法如下：①选择生长势强的无限生长类型品种，以利于提高番茄产量。②采用营养钵护根育苗，以减少伤根，避免病害侵染。苗期注意防治根结线虫、烟粉虱等病虫害。③采用单干整枝，留6穗果打顶。④塑料薄膜覆盖前后的管理同秋季延后栽培，10月下旬开始加盖草苫。⑤催熟。由于普通日光温室的保温效果差，很难越冬，可及时将长成商品果大小的果实采下，在温室内搭一小拱棚，放入采下的番茄，在小拱棚上加盖保温覆盖物，进行催熟，防止冻害发生。具体做法同秋季延后栽培。

该栽培模式的特点是：生产投资较大；前期栽培管理简单，后期要加强保温管理；产量高，效益好，产量和效益成正比。

10. 日光温室越冬一大茬番茄栽培模式及其商品性生产的特点是什么？

该茬番茄生育期长，产量最高，而且上市期正赶上元旦、春节以及冬季和春季番茄市场淡季，价格高、效益好。

该茬番茄对日光温室的建造要求高，要求有良好的增温、保温条件。目前生产上应用最多的是用土堆成的日光温室，后墙厚度为1.5～3米，东西山墙厚1米以上，下挖50～60厘米，高3.8米，跨度8米，有足够的储热体和较好的采光面，能够进行越冬栽培。一般在8月底至9月初播种，10月上旬定植，元旦前后开始上市，翌年6月拉秧。

冬季栽培主要是增温保温，严冬季节要尽量少通风，如湿度太大，可在中午温度高时短时通风。遇上长期阴天，夜间可降至10℃～13℃，甚至短时日出前降至6℃～8℃。但低温时间不能长，因为在15℃以下花药不开裂，花粉活力弱，易引起落花。此外，较长时间处于10℃以下和8℃以下的低温将使未转红的果实产生低温障碍，重者褐腐而烂掉，轻者转色不良。这是冬季栽培的难点，也是番茄虽比黄瓜耐寒，但比黄瓜冬季栽培难的原因。春季气温升高后，要加强通风，保证温室适宜的温、湿度和尽量延长光照，加强肥水管理，防止早衰。通风口用防虫网隔离，整个生长期采用覆盖栽培。

该栽培模式的特点是：生产投资大，对管理人员的栽培技术水平要求高，冬季低温期是整个栽培管理的重点和难点，栽培风险大；前期栽培管理简单，中期要加强保温管理；产量高，效益好，产量和效益成正比。

11. 高山番茄栽培模式及其商品性生产的特点是什么？

山区水利条件差，很少种植需水量大的蔬菜。但到了夏季，山区则雨水不断，不用浇灌，仅雨水就可以满足番茄生长的需要。在海拔800～1200米的高山上，夏季气候凉爽，与露地越夏番茄栽培模式相比，产量和效益更高。

应该注意的是：高山上雨水多，栽培番茄更应该注意排水，多采用高畦栽培；定植期应选在雨季到来之前，实行点水定植，防止缺水干旱引起的病害;在病虫害防治上,如晚疫病等,低温高湿病害突出,防治上应有针对性。栽培方式同露地越夏番茄。

12. 南菜北运番茄栽培模式及其商品性生产的特点是什么?

我国南方冬季犹如北方的春季,雨水少,光照充足,气候温暖,适合番茄生长,生产投资少,栽培管理简单,产量高、品质好。

冬春季节,广大北方地区正值番茄市场淡季,加上春节期间对番茄的大量需求,番茄的价格是一年中最高的,南方番茄北运正好填补了这个空当,比北方春季露地番茄种植效益高得多,因此南菜北运具有很好的发展前景。然而由于气候和运输的原因,南方的番茄多为厚皮硬肉类型,虽耐贮运,但品质差,有待于进一步改进。冬春季节北方番茄上市量小,南菜北运补充了北方番茄市场供应的不足,对北方地区番茄的生产和销售没有太大的影响。其栽培模式同露地番茄栽培。

五、栽培环境管理与番茄商品性

1. 番茄的外界环境与番茄的商品性有什么关系?

从总体上讲,番茄属于喜温、喜光、耐肥及半耐旱的作物。在适宜的栽培条件下,番茄生长健壮,病虫害少,成花量大,花芽质量好,开花坐果率高,果实膨大快,能够充分体现品种固有的优良特性,有利于实现番茄的丰产、优质、高效。

2. 番茄对温度的要求是什么?

番茄一生中正常生长发育的温度范围为10℃～30℃,营养生长(即苗期)的温度范围为10℃～25℃,生殖生长(即开花结果期)的温度范围为15℃～30℃。低于10℃生长速度减缓,5℃以下停止生长,0℃以下遭受冻害,但经过低温耐寒锻炼的幼苗,可耐短时间－2℃低温;长时间处于1℃～5℃的低温环境,健壮的幼苗虽不至于冻死,但能造成寒害,而弱苗和徒长苗在1℃左右可能遭受冻害。温度高于30℃,同化作用明显下降,生长量减少;温度高于35℃,生殖生长受到破坏,不能坐果;温度达到35℃～40℃,则其生理状态失去平衡,并易诱发病毒病。

番茄的生长需要一定的昼夜温差。一般日温为20℃～25℃时,夜温15℃～20℃,夜温比日温低8℃～12℃比较适宜番茄生长发育。晴天温差大些,阴天温差小些;苗期和结果期温差大些有利于花芽分化和果实膨大。如低于此昼夜温度范围,花芽分化会延迟,每一花序分化的花朵数减少,花蕾小,容易脱落。但如果夜温比日温还要高,对于花芽分化和结果都不利。

土壤温度以20℃～23℃为宜，低于12℃或高于28℃时，根的功能下降、生长发育缓慢；高于33℃或低于6℃时，根系停止生长。

3. 高气温对番茄商品性有哪些影响？

高气温是指番茄生育期中的气温高于其正常生长所需的温度，一般指昼温30℃以上，夜温20℃以上。气温高达30℃时，番茄的光合作用降低，35℃开花结果受抑制，40℃以上大量落花。成熟期遇30℃以上高温，番茄红素形成减慢，35℃以上难以形成，造成果实转色不均匀。白天高于35℃或40℃持续4小时，或夜温高于20℃，则引起茎叶损伤及果实异常，叶褪绿、叶缘漂白，轻的仅叶缘呈烧灼状，重的半个至整个叶片干枯，在强光照条件下还会导致生长点灼伤，引起芽枯等。

幼苗期温度过高，尤其是夜温过高，容易引起幼苗徒长、老化，分化的花芽少、花蕾瘦弱，容易落蕾、落花等。

开花坐果期温度过高，植株呼吸消耗养分过多，将影响叶片光合作用产物的积累，不利于坐果，并导致植株徒长。高温也会使花粉粒萌发和花粉管伸长不良，受精不良，发生落花落果和产生豆果。

结果期温度过高，果皮和果蒂部容易老化或木质化，遇浇水、下雨或夜间露水大时，果实内膨压增加，导致果实射裂、环裂和纵裂等；高温导致植株呼吸旺盛，过度消耗养分，导致供给果实的养分不足，果实变酸，胎座和果肉不能充分发育，果实品质下降并形成空洞果；高温抑制了番茄转色过程中由胡萝卜素向番茄红素的转化，将导致转色不良。

4. 低气温对番茄商品性有哪些影响？

低气温是指番茄生育期中的气温低于其正常生长所需的温度，一般在10℃以下，常常形成畸形花、豆果、畸形果，对激素不敏感（低浓度难以坐果,高浓度易裂果)、果实转色缓慢和转色不良等。

幼苗期低温,植株生长量小,将推迟花芽分化的日期。子苗期夜温低时,出花节位低;2～4 叶期进入花芽分化(早熟品种 2～3 叶,中晚熟品种 4 叶左右)期后,如果夜温低于 15℃,花芽生长速度慢,特别是昼夜温差大时(高于 8℃±2℃),花朵变大,萼片数、花瓣数、雄蕊数等增加,子房易增大,花序变成复花序;长期低于 8℃,则形成畸形花。

开花结果期低温,花粉管伸长缓慢或停止,但以后变为适温时又会重新继续伸长;将影响开花、造成落花或形成豆果、畸形果;低温要求较高的坐果激素浓度,而浓度过高时会引起果实畸形。

结果期低温,果实转色慢,成熟期推迟,低于 8℃果实很难转色,从开花至成熟的时间可长达 100 天。如采收后的番茄遭受 6℃以下低温的影响,将永不转色。

5. 番茄各生育期适宜的气温范围和昼夜温差是多少?

番茄不同的生育期对温度的适应范围和昼夜温差的高低要求不同,白天适当提高温度,促进光合作用,增加营养物质的合成数量,而夜间适当降低温度,可减少呼吸作用对养分的消耗,有利于营养物质的积累,促进番茄正常的生长发育,提高果实的品质和商品性。

子叶期,即出苗后至真叶长出以前。适宜的气温为白天 20℃,夜温为 10℃～12℃,昼夜温差为 8℃～10℃。可预防产生高脚苗,提高幼苗的抗病抗逆性。

子苗期,即真叶长出至两叶一心期(分苗前)。白天气温为 22℃～23℃,夜间为 12℃～13℃,昼夜温差为 10℃左右,可促进真叶生长,为下一步的花芽分化打下基础。

成苗期,即分苗后进入花芽分化期,直至成苗。白天气温为

23℃～25℃，夜间为15℃～17℃，昼夜温差为8℃±2℃，冬季遇阴雪天气，白天气温较低时也要保持昼夜温差在5℃～6℃，以促进新叶生长、花芽分化和花芽生长。

开花结果期，即定植后至第三穗果实坐稳前。白天气温为25℃～28℃，夜间15℃～17℃，昼夜温差8℃～10℃，可促进植株生长、开花坐果和果实膨大。

结果期，即番茄生长发育最旺盛时期至坐果盛期。白天气温为28℃～30℃，夜间16℃～18℃，昼夜温差10℃±2℃，有利于同化产物的形成和积累，促进果实膨大，有利于果实着色。

从以上可以看出，番茄从子叶期到结果期，需要的温度有逐渐增高的趋势，这也符合番茄的生物学特性。

6. 番茄生长对地温的要求和地温调控的措施是什么?

番茄生长最适宜的地温为20℃～23℃，28℃以上或12℃以下生长发育缓慢。地温最高33℃，最低8℃，当地温降至6℃时，根系停止生长。

不同生育阶段对地温的要求及反应有差别。种子发芽、出苗期最适宜的地温为25℃～30℃，新种子一般24小时开始出芽，出芽后将温度降至25℃，可促使苗齐、苗壮。高于40℃和低于12℃发芽困难或停止发芽。齐苗后至成苗期，适宜的地温为18℃～22℃，有利于培育壮苗。进入开花结果期以后，适宜的地温为20℃～23℃，有利于根系的生长发育和吸收，增加植株和果实的营养供给，提高番茄产量和品质。

地温调控主要有以下措施：在露地生产条件下，最好选择适宜番茄生长的栽培季节生产。在适当春提前或秋延后生产时，增施有机肥，提高土壤的通透性和储热能力有利于提高地温；采用地膜覆盖提高地温；适量浇水，避免阴雨天浇水和大水漫灌；浇水后，行间要中耕松土，以利于太阳辐射能量向地下渗透，提高根际周围的土壤温度，促进根系发育；合理密植，通过调节田间通风透光条件调控地温；越夏栽培时，选择适宜的定植期很重要，在高温季节到来之前，保证番茄植株基本封行、不露地皮，以防止太阳直射造成的地温偏高；也可以通过适量选留枝叶达到为地面遮荫降温的目的；小水勤浇，多在晚上浇水或早上浇水；地面铺麦秸等作物秸秆，降低地温；与高秆作物隔行间作，减轻因太阳辐射引起的地温增高；夏季温度高，暴雨过后要及时浇凉井水降温，随浇随排，以降低地温。

在保护地栽培条件下，进行越冬和春秋增温、保温栽培时，大量增施有机肥，可提高土壤的吸热、储热能力；合理密植，增强田间通风透光，有利于地温升高；采用地膜高垄栽培，提高栽培垄地温；充分利用晴天使保护地内的温度保持在 28℃～30℃，有利于地温的提高；最好采用滴灌浇水，防止地温降低；沟灌时选晴天浇温井水，浇后闭棚升温至 30℃～35℃，有利于提高地温；浇水后及时中耕松土。在越夏保护地栽培时，主要是降低地温，可通过加强保护地通风、采用湿帘和风机降温，以及采用遮阳网或向塑料棚膜表面甩泥浆遮荫等，降低地温。

7. 在露地栽培条件下怎样控制温度？

选择适宜番茄生长的季节进行生产；合理密植、及时整枝打杈，以加强田间通风透光，有利于提高群体温度；早春和晚秋低温期设风障增温；预报早春天气有晚霜时，及时浇水防霜；低温期尽量减少浇水次数，浇水后及时中耕，以降低田间湿度，有利于温度的提高；夏季小水勤浇，多在晚上浇水或早上浇水以改善田间环境，加大昼夜温差；与高秆作物隔行间作，为番茄遮荫降温；在高温干燥的情况下，还可以在夜间进行叶面喷雾，降低田间温度；选择对温度适应范围宽的番茄品种或正确使用植物生长调节剂，增强对低温和高温的耐受能力。

8. 在保护地栽培条件下怎样控制温度?

低温期的温度控制主要是增温、保温,同时注意晴天白天的通风降温,其主要做法如下:用塑料薄膜、玻璃或阳光板等透明覆盖物覆盖增温,通过人工加热增温;用保温被、草帘等保温;当晴天温度过高时,可通过通风降低保护地内温度。但在实际生产操作中,温度的控制并不简单,要注意做到以下 3 点。

第一,增温保温要与光照、通风换气相配合,切忌顾此失彼。冬季晴天时,尤其在最低温度的 1 月份前后,夜间以保温为主,早闭风口、压严草苫,草苫上还要再加盖一层浮膜保温,同时防止雨雪打湿草苫降低保温效果;白天棚面见光后及时揭开草苫,闭棚升温,如果棚内湿度大、雾重,可短时间打开风口排湿后再闭棚升温,使保护地内的温度在最短时间内上升至适宜番茄光合作用的温度。当棚温升至 28℃～30℃时开始逐步通风;白天保持较高的棚内温度,有利于保护地内地面、墙体和后坡等贮存热量,有利于保持夜间温度;下午,当棚温降至 20℃时,关闭风口,棚温会在短时间内有所回升,延长每日番茄光合作用时间,增加养分积累,提高番茄产量和品质。早春气温升高,当夜温不低于 10℃时,保护地内昼夜通风,但在早晨 6 时要及时将棚口关闭,待棚温上升至 28℃～30℃时通风,保持棚内温度在 25℃～28℃,提前并延长番茄有效光合作用时间,以提高番茄产量和品质。当保护地内温度上升至 28℃～30℃时开始通风的目的是加快棚内水珠雾化蒸发,以利于通风排湿,同时也有利于保护地内热量的贮存,保持夜间所需热量。过早盖草苫、过晚揭草苫和为了升温不进行通风换气等做法都不利于番茄的生长和果实品质的提高。

第二,控制好阴雪天的温度。遇阴雪天气时,白天保护地内温度低,夜温相对更低,最低温度可控制在 7℃～8℃,比白天的温度低5℃～6℃，如温度再低，要人工加热。

第三，在长期阴雨、温度极端低下的季节和进行促进成熟栽培时采用人工加温的方法。阴雨天，缺乏光照，高温只会导致植株呼吸旺盛、生长瘦弱。一般白天加温的温度应控制在15℃～20℃，夜温控制在10℃左右。在晴天低温的情况下，除加强保温措施外，可于清晨5时开始加温，至日出温度上升至15℃以上，有利于光合作用的进行；进行促成栽培时也应如此操作，以延长光合作用时间，有利于光合产物的积累、果实的成熟转色和番茄品质的提高。切忌晚上盖棚后加温，如夜温高于白天温度，会加剧番茄生长不良和落花落果现象。

高温期的温度控制方法是：夏季高温季节，保护地内的空气流动性差，温度会比露地更高，控制的主要目的是降温。首先要加强保护地的通风；其次，采用遮阳网遮荫降温或向塑料棚膜上甩泥浆遮荫降温、采用湿帘加风机通风降温、浇水降温等。但应该注意的是，番茄是喜光作物，切忌全天遮荫，以防止番茄徒长、落花落果、开花结果和成熟期推迟等。

9. 光对番茄商品性有什么影响？

光是番茄进行光合作用必要条件，光照强度、光照时间长短和光质等直接影响着番茄光合产物的形成、分配和积累，影响着番茄植株的正常生长和果实的发育以及品质的高低。

番茄属喜光植物，光饱和点为7万勒克斯，光补偿点为7千勒克斯，适宜番茄正常生长发育的光照强度在4万～7万勒克斯，高于8万勒克斯和低于1万勒克斯对生长不利。光照强度对番茄的生长、发育有很大的关系。阳光充足，光合作用旺盛；光照弱，则茎节细长，叶片变薄，色淡绿，花芽分化质量差，容易落花或果实发育缓慢。在露地生产条件下，光照过强，容易引起番茄生长衰弱，抗病抗逆性下降，还可以引起芽枯、果实转色不良和灼伤等。长期阴雨弱光，番茄叶片变薄、发黄，遇天气突然转晴时，强烈的光照使叶片水分蒸腾量剧增，导致叶片失水萎蔫或焦枯，进而影响果实的生长和发育。

番茄属于短日照植物，一般对每天的光照时间长短要求不严，对于番茄的发育，并不是一个重要的影响因素。但不少试验指出，番茄在每日16小时光照条件下生长最好；每天的光照时间过短（8小时以下），也会影响番茄的生长、果实品质和产量。

番茄正常生长发育要求有完整的太阳光谱，不完全光常导致生长异常和品质下降。如缺乏紫外光等短波光时，植株容易徒长。阴雨和过度遮荫条件下的太阳光为散射光，缺乏短波光，常导致番茄生长不良。

10. 如何改善番茄田间的光照条件？

保护地选用塑料薄膜覆盖，而不要采用玻璃覆盖进行生产，因为玻璃对短波光的透过率低；合理密植、提高群体的透光性；及时吊蔓、整枝打杈、摘除过密叶，提高田间透光性；使用反光幕、反光地膜，以增强植株下部叶片和温室后墙等弱光处的光照；及时清扫、擦洗棚面杂物和灰尘，提高棚膜的透光性；在确保温度的条件下，尽量早揭苫、晚盖苫，延长见光时间；阴雪天及时清除棚上的积雪，揭苫见光，必要时进行人工补光；在不能人为增加光照的情况下，可通过适当降低夜温，减少养分消耗、减缓营养生长等方法弥补光照不足对番茄生长和结果的影响。长期阴雨天过后，天气骤晴时，保护地放“花苫”进行半遮光，根据叶片生长情况逐步见全光，避免强光灼伤叶片。

11. 为什么使用番茄专用膜能提高番茄商品性？

番茄专用膜是以乙烯-醋酸乙烯（EVA）为基础原料，添加各种助剂，经三层共挤复合吹塑制成。它具有高透光、耐老化、流滴、保温、消雾等功能，可明显提高透过番茄所需的有效光强度，对增加番茄果实的着色和营养物质含量具有显著作用。

12. 土壤湿度对番茄商品性有什么影响？怎样调控土壤湿度？

番茄是需水量很大的作物，缺水常导致土壤干裂，根系断裂，容易感染病菌和病毒；干湿不匀导致的问题更多，同时也使番茄养分供应不足，果实不能正常膨大、果皮和果肉变软、果实不能正常转色、发生脐腐病等；水分过量又常常导致裂果，同时，番茄的根系呼吸作用旺盛，在水分饱和的土壤中 24 小时，或夏季 12 小时，可导致番茄根系缺氧死亡；土壤湿度过大还会导致病害的发生，对番茄的生长和果实商品性影响很大。

番茄枝叶繁茂，蒸腾量大，需水量也大，通常要求土壤相对湿度为 65%～80%。番茄不同生长发育期对水分的要求不同，发芽期要求土壤相对湿度为 80%左右；幼苗期和开花期要求为 65%左右，定植缓苗后进行深中耕，有利于防止土壤水分蒸发和促进根系下扎，增强番茄抗旱能力；结果期要求为 75%～80%，结果期供给充足的水分是获得高产的关键。

在生产中主要通过浇水和中耕对土壤湿度进行调控。浇水可提高土壤湿度，中耕可降低地表土壤湿度，避免深层土壤水分散失。浇水要“看天、看苗、看地”进行。看天，即阴雨天不浇水，防止田间湿度过大引起病害，阴转晴时及时浇水。看苗，即看苗的生长点，如果心叶黄绿，说明土壤水分充足；如果心叶绿色略泛黄绿，说明土壤湿度适中，心叶深绿色时则表示土壤缺水，急需浇灌。看地，即黏土地保水性好，浇水间隔期长；沙土地漏水，要勤浇；早上地面潮湿，中午发干时，就该浇水了。浇水的量，埂栽或垄栽的以沟深的 2/3 为宜，应避免大水漫灌和水漫过根茎部，防止病害发生;平畦栽时,浇水量以浇后水很快下渗为宜;采用滴灌时,以滴水湿润深度达 30 厘米为宜。据山东省农技推广总站试验,采用每小时 8 立方米的压力罐和畦下直径 5 厘米的塑料管微灌送水,滴头滴水暗灌,2 小时(16 立方米压力)即可达到番茄生长需水量,比一般浇水节水 50%~70%,浇水后 5 天 10 厘米地温可比浇明水增加 9℃,而且产量和产值都有增加,是一项值得推广的棚栽新技术。低温季节一次浇透水后,中耕松土,保持土壤上干下湿,有利于减轻田间病害的发生;高温季节要小水勤浇,但也要定期浇透水,以防止深层根系缺水,抗旱力下降;高温期多在夜间浇水,以降低地温、改善田间小气候。番茄浇水切忌忽干忽湿和大水漫灌,以防导致裂果和病害发生。

保护地和地膜栽培因保水力强,生育前期应少浇水,低温期尽量不浇大水,以免降低地温。地膜覆盖因畦垄盖膜,浇水只能从畦沟洇浇,所以浇水要足,有条件的可使用膜下滴灌,既可省水,又可防止高畦中部经常出现的缺水现象。冬暖棚番茄最好的浇水方法是滴灌,可防止土壤板结,地温降低不明显,且能保持畦内土壤疏松和湿润,在棚内形成干爽的小气候环境,为番茄创造适宜的生长条件。

番茄生长期长,株蔓高大,枝叶繁茂。其果实为浆果,含水量达 90%以上,一生中需水很多,各生长期都要求相应的土壤湿度。如土壤含水量过大,则根系小,植株脆嫩徒长,叶片发黄,甚至卷曲,出现"龙头病",严重者凋萎死亡;如土壤水分过低,则植株僵老细弱,叶片小,果实"豆化",病毒病严重。

13. 空气相对湿度对番茄商品性有什么影响?番茄适宜的空气相对湿度是多少?

番茄要求比较干燥的环境条件,如果阴雨连绵、空气相对湿度过高,容易发生徒长、病害严重、落花落果、果实发育不良、果皮皲裂和环裂等;如湿度过低,植株生长瘦弱,果实膨大缓慢、转色不良,果色暗淡,将严重影响果实的商品性。

番茄生长适宜的空气相对湿度为45%～65%。开花坐果前需要的湿度低些,一般为45%～50%,有利于根系的发育和吸收,并有利于抑制病害的发生;进入结果期后,需要较高的空气相对湿度,以利于果实膨大,但一般不能高于65%,否则,容易导致生长不良和各种病害的发生。

14. 怎样调控番茄所需的空气相对湿度?

在露地生产条件下,番茄生长环境的空气湿度受环境的影响大,其调节方法主要有设置风障、浇水和加强栽培管理;保护地内的空气相对湿度调节除了浇水和加强栽培管理外,还可通过通风、遮荫等措施调解。

提高田间空气相对湿度的办法主要是:在露地干燥多风的季节,在番茄田的上风向设置风障,可减缓风速、提高田间空气相对湿度;在干燥季节勤浇水可提高田间空气相对湿度,如果周围相邻的菜田和农田能够同时浇水,则环境的空气相对湿度会得到稳定而有效的提高;夜间进行叶面喷雾,以湿润叶片但不往下流、翌日早上很快蒸发为宜。保护地内可通过遮荫和减少通风、走道内泼水等增加空气相对湿度。

降低田间空气相对湿度的方法是:通过中耕,切断土壤毛管空隙,避免深层土壤水分蒸发,保持地面干爽,降低田间湿度;选用叶量相对较少的品种、采用高垄栽培、地膜覆盖、地面覆草、合理密植、及时吊蔓和整枝打杈、适量施用氮肥、疏除过密叶和老叶、病叶等措施,加强田间通风透光,可降低田间湿度;保护地内可采用提高温度、加强通风、膜下灌水、地面整体覆盖地膜、使用无滴膜、节制浇水和采用滴灌等措施,降低田间空气相对湿度。

15. 通风换气对保护地番茄商品性有什么影响？怎样操作？

通风换气是早春、晚秋和越冬番茄保护地栽培中经常采用的调控气体环境的栽培管理方法。保护地内具有相对密闭的气体环境，空间小，自身调控能力差，需要人为进行气体调节，即通风换气以改善番茄生长环境，减轻番茄生理性病害、真菌性病害以及缺乏二氧化碳等引起的果实膨大缓慢等负面影响，提高番茄的商品性。

保护地内的气体环境不仅仅指湿度，还有二氧化碳，番茄自身呼吸、土壤微生物的活动、棚膜中所含化学物质的释放、加温材料燃放的气体、化肥的挥发和分解以及农药的蒸发等所产生的各种有害气体。当这些气体成分的比例失调（如有害气体浓度超过二氧化碳浓度等）、浓度过低（如二氧化碳）或过高（如水蒸气、二氧化硫、氨气等），会造成番茄的生长、果实发育和转色不良，以及病害的发生。

通风换气的方法是：在晴天上午，棚内温度上升至28℃～30℃时，叶面水分已经蒸发、番茄的光合作用已经把棚内的二氧化碳吸收等，此时急需揭开风口降低棚温、补充二氧化碳和排湿，这就是常说的通风。通风后保持棚内温度在25℃左右（严冬季节为28℃～30℃，有利于提高地温），下午当棚温降至18℃～20℃时关闭棚口，有利于番茄果实膨大和着色；在阴雨或阴雪天，棚内温度低，可在中午13时左右揭开通风口通风换气1小时左右，以利于调节棚内气体成分，减少各种病害的发生。

16. 土壤性质对番茄商品性有什么影响？怎样改良土壤？

番茄根系发达，对土壤质地和土层厚度要求不严格，但对土壤通气条件要求较高。当土壤含氧量下降至2%时，植株就会枯死，因此，对于番茄来说，只要不是极端黏重、排水不良的易涝地，均可进行番茄生产，但要进行高产、优质番茄生产，应尽可能选择土层深厚、排水良好、富含有机质的肥沃壤土或沙质壤土为好。沙质壤土透气好，白天升温快，夜间降温快，昼夜温差大，种植的番茄成熟早、品质好；而黏土地保水保肥力强，表现高产，但相对晚熟、品质不如沙土地上的好。为了实现丰产、优质的目的，黏土地和沙土地均需要用腐熟的有机肥进行改良，一般每年每 667 平方米施有机肥不少于 5 000 千克。

番茄对土壤的酸碱度要求为 pH6～7，即中性或弱酸性土壤。在微碱性土壤中，番茄幼苗生长缓慢，但植株长大后生长良好，品质优良。如土壤酸性较高，可施用石灰加以调节，每 667 平方米施用石灰 80～100 千克，土壤酸性高时可适当多施。

盐碱地土壤中如盐碱浓度过高，番茄根系水分外渗，常导致番茄生理失调死亡。可在盐碱地上开栽培槽，进行无土栽培和有机栽培等。

17. 土壤营养对番茄商品性有什么影响？怎样改善土壤营养？

番茄在生长发育过程中，要从土壤中吸收大量的营养物质，主要包括大量元素氮、磷、钾，中量元素钙、镁、硫、铁，以及微量元素铜、锰、硼、锌、钼，其中以吸收氮、磷、钾为最多。据报道，每生产 1 000千克番茄果实，需要从土壤中吸收纯氮 3.2 千克、五氧化二磷 0.95 千克、氧化钾 5 千克。番茄吸收的这三种主要营养元素中有 73%存在于果实中，由此可见，土壤营养对番茄商品性的影响和产量形成具有重要作用。

番茄是丰产蔬菜，每茬番茄从土壤中携出的养分量大，尤其是进入结果期后对养分的需求量剧增，土壤中原有的营养远远不能满足番茄果实正常生长发育的需要，必须施肥。土质不同对土壤养分的容量不同，黏质土壤保水保肥力强，水肥利用率高；有机质含量高的土壤胶体对土壤养分具有很强的吸附能力，保肥和供肥能力强；沙质土壤保水保肥力差，漏水、漏肥，若一次施入土壤中的养分过多，不仅流失严重，而且容易导致土壤溶液浓度过高而烧苗。因此，在施肥时要根据土壤状况决定施肥方法和施肥量。

六、栽培管理技术与番茄的商品性

1. 壮苗对番茄的商品性有什么影响？怎样育苗？

人们常说“苗好七成收”，这句话用在短季节栽培番茄上再确切不过了。番茄的花芽分化从幼苗 3～4 片叶即开始，到成苗期就已经分化出 3～4 穗花，这些花芽质量的高低，直接影响着番茄的商品性、产量和效益。

所谓“壮苗”，是在适宜番茄生长发育的环境条件下培育的优良种苗。早春常规培育的番茄壮苗日历苗龄为 60～70 天，苗高 20 厘米左右，茎粗 0.6～0.7 厘米，幼苗上下茎粗相同；节间短且粗壮，具 8 片真叶；地上地下发育平衡，根系白色且须根多；叶片肥厚，叶部健全，叶色深绿，叶背及茎部呈紫色；显大花蕾，花蕾肥硕饱满，着花多，第一花序着生于第七节左右，无病虫寄生。春夏和秋冬季的幼苗日历苗龄为 45 天，具 5～6 片真叶。夏秋季节番茄幼苗的日历苗龄为 25～30 天，具 4～5 片真叶。采用穴盘育苗时，冬春苗多为 50 穴、72 穴苗，成苗标准是株高 20 厘米，茎粗 0.45 厘米，6～8 片真叶并带小花蕾，苗龄 60～65 天；128 穴苗，苗龄 50 天左右，株高 10～20 厘米，茎粗 0.25～0.3 厘米，4～5 片真叶。夏季苗多用 128 穴苗，苗龄 20 天左右，株高 13～15 厘米，茎粗 0.3 厘米，3～4 片真叶，根系将基质紧紧缠绕成根坨，取出苗时不散坨，呈根包土状态。

育苗技术按顺序分述如下：①根据栽培季节和栽培条件选好品种。②进行种子杀菌消毒、浸种。③在 25℃～28℃下催芽 48 小时。④撒播育苗或在营养钵中点播育苗。培养土中含有充足的有机肥，营养丰富，底水充足。⑤及时间苗、分苗和稀苗，防止苗床拥挤引起幼苗徒长和病害发生。一般要求幼苗两叶一心期分苗1次，但夏秋高温季节多采用护根栽培，可直播营养钵中，不需要分苗。⑥进入3叶期以后，加强苗床管理，控水不控温，促进幼苗花芽分化。⑦带根坨定植，防止伤根过多引起的生长不良。⑧幼苗运输。用营养土育苗时土坨较重，运输过程中易损伤幼苗，适宜就地栽培，可用筐、竹篮等搬运，防止土坨散开和折断幼苗。用育苗基质进行营养钵或穴盘育苗时，由于基质轻，适宜进行长距离运输，但起运前需浇1次水、分层摆放，不得堆积，运输过程中避免强风冲击幼苗，不能长期处于黑暗状态下，冬春季节要注意保温。

2. 无土育苗对番茄的商品性有什么影响？怎样进行无土育苗？

采用无土育苗的目的是为了避免土传病虫害的发生，改善养分供应，培育优质无病苗，提高番茄产量和品质。无土育苗条件易于量化控制、育苗过程操作程序化，有利于进行工厂化操作；便于长距离运输等。无土育苗主要包括基质育苗和水培育苗。

(1)基质育苗 基质的种类有无机基质和有机质两种。常用的无机基质包括蛭石、珍珠岩、河沙、炉渣等，有机质包括草炭、泥炭和秸秆发酵的有机肥、废菇料、牛马粪等，这些基质在使用前均需要经过高温处理或堆沤，使其性质稳定，不含病菌和虫卵等。这些基质可以单用也可以按比例混配使用，保证疏松、透气、保水、易成块、不散坨。多采用营养钵育苗、穴盘育苗、育苗营养块以及育苗床等育苗方式。

基质育苗应该注意以下事项：①使用的基质大多不含番茄生长所需要的营养，或含量低，或营养不全面，每立方米栽培基质中需要加入1～1.5千克三元复合肥等；也可以在出苗后浇灌营养液。最简单、方便的育苗基质是泥炭坨，这是一种专用的育苗营养块，只需在水中浸泡5～10分钟后即可吸水膨胀，进行播种育苗，苗期不需要再补充营养。②一般基质较疏松，出苗早，发现幼苗开始拱土应及时揭除地膜，防止幼苗徒长倒伏。③水分蒸发快，应及时补水。④当育苗温度过低时，小苗容易发生猝倒，应掌握适宜的温度。⑤使用过的基质对下茬番茄具有较强的致病性，不经过高温或药剂等灭菌处理不能重复利用。

(2)水培育苗 又叫营养液育苗，是用无机营养液在特制容器内培养作物幼苗的方法。主要用于分苗后的育苗，子苗多采用基质育苗。两叶一心前分苗于岩绵块或浮板上的营养钵中。水培育苗的关键是营养池的建造和营养液的管理。营养液池要平，一般宽1米左右，池底宽90厘米，深8厘米，长度不限，池底铺塑料薄膜防渗水。每1 000升水中各种大量营养元素的用量分别为：尿素400～500克，磷酸二氢钾450～670克，硫酸镁500克，硫酸钙700克；各种微量元素的用量分别为：硼酸3克，硫酸锰2克，钼酸钠0.02克，硫酸铜0.05克，硫酸锌0.22克，硫酸亚铁7.13克(硫酸亚铁不稳定，易被氧化，需先配成EDTA铁钠后使用，即分别将96克EDTA钠盐和硫酸亚铁用少量80℃热水溶解后，再同时倒进一个容器中，边倒边搅即成)。市场上销售的都是已经混合好的大量元素和微量元素，分开包装，使用时直接溶解于水即可。配制营养液须用清洁无污染的中性水，配完后用磷酸(缓冲液)调节pH值至6.5～7。

无土育苗应该注意以下事项：①番茄幼苗的生长量小，随着幼苗的长大，对养分的需求量逐渐加大。刚出土的幼苗浇营养液的浓度为正常浓度的1/3，真叶长出后浓度增加至1/2，4～5片真叶时增加至2/3，直至使用正常浓度。经常调整营养液的浓度，可防止高浓度抑制幼苗生长。②水温对幼苗根系的影响很大，如果水温低应采取加温措施。③水培育苗要有配套设施，防止雨水灌入、强光直射等。

3. 嫁接栽培对番茄的商品性有什么影响？怎样进行嫁接？

番茄的嫁接栽培是利用野生番茄强大的根系及其对土传病虫害较强的抗性来克服枯萎病、根结线虫病、青枯病等土传病害给生产带来的危害，增强番茄抗病抗逆性，以达到提高产量和品质的目的而采取的一种生产技术。对这项技术的研究在我国起步比较晚，目前在我国北方连作严重的保护地和南方番茄主产区有应用，主要目的是防治番茄枯萎病、根结线虫病和青枯病等。其嫁接技术如下。

(1)选择砧木　根据嫁接目的选择砧木。LS-89、兴津 101 号抗番茄青枯病和枯萎病。耐病新交 1 号杂交种抗枯萎病、黄萎病、褐色根腐病、根腐枯萎病及根结线虫，为保护地专用。影武者杂交种抗枯萎病、青枯病、黄萎病、根腐枯萎病、根结线虫和烟草花叶病毒，为保护地专用。安克特杂交种，抗枯萎病、青枯病、黄萎病、根结线虫和 TMV。斯库拉姆和斯库拉姆 2 号杂交种抗枯萎病、根腐枯萎病、黄萎病、褐色根腐病、根结线虫和 TMV，为保护地专用。其他还有斯克番、法国的 Brigeor、荷兰的蒲福、浙砧 1 号、柳砧 2 号等，可根据需要选用。

(2)嫁接技术　①选择砧木和接穗适宜的播种期。根据嫁接采用的方法和幼苗生长的快慢选择播期。一般采用劈接或斜切接，要求砧木比接穗的茎略粗，在生长速度相同的条件下，砧木比接穗提前 3～5 天播种即可，当砧木长出 5～6 片真叶时为嫁接的适宜时期。②嫁接方法，分为两类。一是劈接法。在第二片真叶以上的位置嫁接。将砧木苗于第二片真叶上方切断，用刀片从茎中央向下劈深 1～1.5 厘米的切口。再将接穗苗保留 2～3 片叶切下，用刀片削成楔形，楔形的斜面长与砧木切口深相同，随即将接穗插入砧木的切口中对齐，用嫁接夹固定。二是斜切接(贴接)法。

砧木4～6片真叶期间均可采用该办法嫁接。嫁接时将砧木苗保留2片真叶，用刀片在第二片真叶上方倾斜45°左右削去砧木顶端，形成长1～1.5厘米的斜面。再将接穗苗保留2～3片真叶，用刀片削成一个与砧木相反、长度相同的斜面。然后将砧木的斜面与接穗的斜面贴合在一起，用嫁接夹固定。

(3)嫁接后的管理 接口愈合期8～9天，前3天需全遮光黑暗处理，白天温度保持25℃，夜间20℃，最高不超过28℃，最低不低于18℃，空气相对湿度保持95%以上，以后逐渐增加光照，进入正常管理。

番茄嫁接栽培须注意以下事项：①用于嫁接的秧苗生长要茁壮，不徒长。嫁接用的刀片要干净，夹子要消毒。②嫁接位置一般在第一片真叶以上(国外有专用的硅胶嫁接夹，嫁接位置多在子叶以上)，过低时接口易埋入土中，造成接穗生根，失去嫁接意义。③切面要平整，最好一次削成，不要重复。④嫁接不能在强光下进行。⑤嫁接成活后的管理主要是及时摘除砧木萌蘖和避免接触碰伤或碰折接口。⑥定植时要特别留意接口处，防止碰折，并保持适宜的定植深度和封土深度，防止将接口埋入地下而导致接穗生根，失去嫁接意义。⑦在进行大面积嫁接生产前，要进行嫁接试验。

4. 两叶一心期分苗对番茄果实商品性的形成有什么影响？

番茄幼苗生长缓慢，根系再生能力强。生产上为了便于管理，多采用育苗栽培。在育苗期内根据幼苗生长所需要的营养面积进行分苗。一般只分苗1次，如分苗次数过多不利于番茄正常的花芽分化以及花芽质量的提高，将直接影响番茄的品质和产量。分苗的最佳时期是两叶一心期，此时的番茄幼苗还处在子苗期，根细小、叶量少，以营养生长为主。分苗后，主根被切断，发生大量侧根，抗病抗逆性强；当第三、第四片真叶展开并具有较强的自养能力时，开始进入花芽分化阶段，这样不会影响花芽分化进程和花芽质量，有利于番茄开花和坐果，从而提高产量和品质。

冬春季播种的番茄，一般在播后 30 天，幼苗高 3 厘米、茎粗 0.2 厘米，第三片真叶发生时，为两叶一心期，是分苗的适期；春季和晚秋播种的番茄，播后 20～25 天开始分苗；夏季温度高，幼苗生长快(苗龄仅 25 天)，根系易老化，可直接播种在营养钵或育苗盘中，一次成苗。分苗方法：①起苗前先浇水，保持土壤疏松，起苗时用铲或锨将幼苗掘起，尽量少伤根，以利于缓苗。②随起苗随分苗，防止幼苗失水萎蔫。③苗间距为 8～10 厘米，子叶距地面 1 厘米，浇足分苗水，低温期尽量浇暗水，减少明水。④分苗后注意增温保湿，经 4～5 天缓苗后喷压根水，并进行中耕划锄。

5. 小老苗对番茄商品性有什么影响？怎样预防小老苗？

小老苗表现为幼苗株形上小下大，呈三角形，茎秆细、叶片小、花蕾短粗、节间短，有的叶片发黄。定植后生长缓慢，坐果率低，果实膨大慢，结果小、果面光泽度差，产量低，直接影响到果实的上市销售和效益。

小老苗主要是由于苗期低温、缺水或缺肥而形成的。一种是由于育苗环境条件不足造成的，需要加强苗床管理和水肥供应；另一种是人为的强制造成的。在人为造成的小老苗中，根据其成因又分为两种类型：一种是播种过早或定植田不能及时腾茬，为了防止幼苗徒长，常常采用控水、控肥、使用生长抑制剂控制等手段，来控制幼苗生长，延长幼苗在苗床中的时间，这种长期的或过度的控制幼苗生长会形成小老苗，其根细、茎秆等各个器官和组织老化，定植后生长缓慢，叶片不能制造足够的养分供果实膨大生长的需要，同时由于过分控制生长，花器官的发育也受到抑制，果实细胞分裂缓慢、数目少、细胞老化、细胞个体小等也是果实膨大慢的主要原因。另一种是播种后，育苗期的温度比预期的高，幼苗生长快，不能及时定植而过度控长形成的老化苗。

预防小老苗产生的方法：①根据定植的时间和季节推算适宜的育苗期，培育适龄壮苗。一般早春低温期育苗苗龄为60天左右，带大花蕾定植；春季育苗苗龄为45天，初显花蕾；夏秋季温度高，幼苗生长快，为防止过度伤根感染病害，一般提倡育小苗，苗龄25～30天，4～5片真叶定植，保证幼苗定植后能够迅速正常生长、开花、结果。②加强苗床营养，促进幼苗正常生长。③保持苗床适宜的温度和湿度，避免过度抑制生长。

6. 徒长苗对番茄商品性有什么影响？怎样预防徒长苗？

徒长苗表现为幼苗株型上大下小，呈倒三角形；茎基部细，上部粗；枝叶生长旺盛，节间长；叶片大，叶色淡，呈黄绿色；花蕾瘦弱、数量少。定植后缓苗慢、坐果率低、果实膨大慢、个小，严重时出现僵果；产量低。

徒长苗主要是由于育苗期氮肥、水分偏多、幼苗过密和超龄育苗等造成的。番茄苗期生长缓慢，对养分的总需求量较少，但对矿质元素的需求量比成株多2～3倍。如果采用肥沃的园土，或用有机肥配制的营养土育苗，并施入一定量的氮肥，但缺少磷、钾肥和钙肥等，则很容易引起幼苗徒长。另外，协调营养生长与花芽分化的关系，主要通过水分管理，如水分过多，降低了植株体内养分的浓度，不利于花芽分化，茎叶生长旺盛，则形成徒长苗。

预防徒长苗的方法：①控制氮肥用量，增施磷、钾、钙等矿物质肥料。②根据幼苗大小确定分苗密度，防止幼苗过密引起的徒长。③加强苗床通风，降低苗床湿度。④培育适龄壮苗，防止苗龄过长、幼苗过大、过密引起的徒长。

7. 带土坨定植对番茄商品性有什么影响？怎样带土坨定植？

番茄是连续进行花芽分化、开花结果的果菜类作物。在进入花芽分化期以后，任何不利于番茄植株生长的条件都会影响番茄的花芽分化和果实的商品性。不管是普通育苗还是营养钵、穴盘育苗，其成苗都具有发达的根系，保持这些根系的完整性，有利于番茄定植后的开花、结果和提高前期产量等。

带土坨定植，缓苗期短，有利于第一穗花坐果和果实膨大，有利于第四、第五花序的分化和坐果，有利于早熟和提高前期产量，还能延缓植株衰老，从而提高总产量。

带土坨定植的方法如下：①番茄根系发达，易发新根和不定根。根群主要分布在30～50厘米的表土层内，以30厘米耕层最多；水平分布在60～80厘米，吸肥能力强，因此生产上有“深栽番茄”之说，但春季地温低，并不适宜深栽，为了促进发根，多采用“船形”栽培。②带药、带肥定植。如果幼苗生长势中庸或偏弱，定植前1周要进行追肥，每10平方米追施三元复合肥（氮∶磷∶钾＝15∶15∶15）300～500克，同时叶面喷洒保护性杀菌剂和杀虫剂（春季防治螨类害虫，夏秋季防治食叶类害虫），防止将病虫带入大田。③切块囤苗。普通苗床育苗时，定植前5天左右（砂壤土可短些，黏壤土可长些）放大水浇灌苗畦，并切块囤苗。营养块大小为10厘米×10厘米×10厘米，幼苗位于营养块中央，防止切偏伤根。切后整齐摆放在苗畦中，空隙处和周边用土填实，防止土块干燥。3天后见有新根长出，可进行定植。④定植徒长苗时，利用番茄易生不定根的特点，采取船形栽培法，即定植穴深度不变，将过长的苗茎埋入土中。春季地表温度高，有利于根系生长发育，埋入土中的茎很快发生新根，有利于缓苗和缓苗后植株的生长。切忌深栽，因为春季土层深处地温低，不利于新根发生，缓苗慢。⑤定植时不能用力挤，防止挤散土坨，拉断根系。⑥定植深度以子叶距离地面1厘米为宜。如定植过深，冬春季发根慢，夏季根茎部易感染病害；定植过浅，耐旱、耐热性差。⑦选晴天上午10时前或下午4时后定植，定植后立即浇大水，使根系或营养块与土壤紧密接触，同时增加田间湿度，以有利于缓苗。如果必须阴天定植，低温期可采用点穴浇水，但天气转晴后还要浇1次压根水，促进土壤中肥料的溶解和根系的生长等。⑧按确定的株行距定植，注意避免小行距过窄、定植高低不一或靠近畦的中间，给浇水带来不便。

8. 埂栽对番茄商品性有什么影响？埂栽的模式有哪几种？

埂栽有利于番茄的生长，减轻病害的发生，促进番茄早熟，提高品质和产量。其原因有4个：一是番茄是半耐旱、怕涝的果菜，根系呼吸旺盛，需氧量大，采用埂栽时，将番茄定植在畦埂上，相对干燥；同时畦埂上的土不被踩踏，始终保持疏松，透气性强，有利于根系的生长发育，符合番茄的生长习性，很少发生病虫害。二是畦埂的特点是升温快，夜间降温也快，有利于番茄的养分积累。三是夏季采用埂栽，有利于排水，可减少涝灾和田间积水引起的病害发生。四是畦埂凸出地面，冬春季升温快，有利于根系发育和对养分的吸收。

埂栽有半圆形畦埂、平台形畦埂和马鞍形畦埂等模式。埂高一般为15～20厘米，埂并不是越高越好。如果畦埂过高过宽，浇水时很难洇透，保水抗旱力也下降。一般行距为50厘米时，半圆形畦埂底宽75～80厘米，幼苗定植在半坡上，经过中耕培土后，畦埂中间略高，可减少窄行积水和保持田间干燥。平台形畦埂多在夏季露地和越冬日光温室栽培中采用，有利于防止番茄涝灾和加快畦埂温度的升高和畦面水分排出，降低湿度，预防病害发生。平台形畦埂上部宽70厘米，幼苗定植在畦埂上部。马鞍形畦埂栽培主要在越冬日光温室栽培中采用,目的是为了控制水量、降低田间湿度和浇水后不影响田间管理操作。进入春季后,宽窄畦轮换灌水,有利于根系的均衡发育等。马鞍形畦埂的做法是,先按行距定植幼苗,定植缓苗后分单行进行封土,将幼苗封在畦埂的正中央,防止靠近窄行一侧时,茎基部经常处于高湿状态下发病,而靠近宽行一侧时水分供应不足,生长势弱。

9. 地膜栽培对番茄商品性有什么影响?怎样进行地膜栽培?

地膜栽培可提高番茄根际温度,保墒保肥、防止杂草、保持土壤疏松透气,有利于番茄根系的发育和植株的健壮生长,减轻土传病害对番茄的危害,降低田间湿度,阻断土传病害的发生和随水滴溅射对地上部的侵染危害,减少发病;有利于开花坐果,提高坐果率,提早成熟,提高前期产量和总产量等,是番茄商品化生产中经常使用的一项技术。黑色地膜主要用于防除杂草;无色地膜如果与畦面接触紧密、没有破损,也具有很好的除草效果,同时还具有反光作用,可增强下部光照;银灰地膜可以趋避蚜虫;除草地膜由于添加了除草剂,可以防除杂草等。在这些地膜中,以无色地膜和黑色地膜的使用最广泛。

地膜的使用方法如下:①铺设地膜的畦埂土壤墒情要好,防止干土块擦破地膜和膜下干热空气烫伤番茄根茎部,以及土壤过湿导致的根系生长不良。②畦埂要整平,没有土块和秸秆等可能扎破地膜的东西。畦面整好后最好用扫帚扫一下,这样地膜与畦埂接触得更紧密,有利于畦埂升温和利用膜下高温"烧"死畦埂上发出的草芽,减轻杂草危害。③在强光照射下,地膜下温度常超过40℃,不管是黑色地膜还是透明地膜,接触番茄茎秆后会造成烫伤,此时需要遮荫,待幼苗枝叶伸展铺严地面后就没有问题了;也可以将定植孔开得大一些,直径为 8～10 厘米,并将孔口压严,避免地膜接触植株茎部和膜下高温气体排出对茎部的伤害。冬季还可以防止膜下水分从定植孔中排入保护地内增加湿度和引发病害。④地膜一般只铺畦埂或定植畦,走道内不铺地膜,但在冬季低温期进行保护地栽培时所有的地面可以全部铺上地膜,以降低保护地内的空气湿度,晴天中午和进入3月份温度升高以后可揭去地膜,保持保护地内适宜的空气湿度。⑤铺地膜的时间根据使用目的而定,以提高地温和预防土传病害传染为主时,应在定植前3～5天铺地膜,以提高地温;如果采用定植后再封土起埂和以除草等为目的时,可先定植后铺地膜,但铺前要中耕。

10. 连作对番茄商品性的不良影响是什么?如何克服?

连作对番茄商品性生产的危害主要表现在土传病虫害加重、土壤养分供应不平衡和土壤性质恶化等,给番茄生产带来困难,农药、化肥等生产投资增加,番茄品质降低、产量下降,达不到预期的产量和效益,影响番茄的产业化发展。减轻连作危害的方法如下。

(1)轮作倒茬 番茄茬口安排尽可能与非同科作物实行轮作,减少连作;或在轮作中种植对土传病害有抑制作用的葱、蒜类作物;有条件时应安排水旱轮作,以控制根结线虫等土传病虫害的蔓延。

(2)多施腐熟有机肥,尤其是生物有机肥 有机肥中不仅含有番茄生长需要的大量元素,还含有大量中、微量元素,能够补充上茬作物带走的多种微量元素、增加土壤有机质、提高土壤有益微生物种群及其产生的植物生长物质数量,促进番茄生长,减少和抑制病虫害发生;改善土壤理化性质,增强土壤团粒的吸附能力和持续平稳供肥能力,最大限度地减少由于施肥不平衡引起的番茄生理障碍;增强土壤的通透性和土壤溶液缓冲能力,从而提高番茄的耐连作能力。但有机肥必须经过充分腐熟后方可施用,以免引发虫害和分解过程中与番茄争肥或产生的热量和有毒物质烧根和导致根中毒等。

(3)及时腾茬、清洁田园、翻耕休闲 前茬作物收获后趁病虫生活力强、抵御环境变化能力还差的时机，及时腾茬、清洁田园、翻耕休闲，暴晒或轮冻土壤，以杀死土壤中的有害病虫，使土壤中残留的根系及其有害分泌物能够得到熟化和分解，起到解毒的作用，从而更好地恢复土壤生产能力。

(4)进行土壤处理 对土壤进行自然高温处理、熏蒸或用杀虫杀菌剂处理，杀灭土壤中的病虫。必要时要换土。自然高温消毒是一种节能有效的土壤处理方法，主要有两种方法：一是前茬作物收获后，及时翻耕、浇灌后，用塑料膜覆盖，这样在炎热季节中膜内温度可达 60℃～65℃，覆盖 30 天基本上可消灭所有土壤病菌、草籽和线虫；二是整平土地后浇水，水下渗后，每 667 平方米撒碎麦秸或麦糠等 600 千克，氰氨化钙 80 千克，然后旋耕，使土药掺匀后立即盖地膜或薄膜(保持土壤湿度不低于 60%)，使膜下温度达到 50℃～60℃，连续 15～20 天，可消除部分或全部根结线虫及土壤病虫源。下茬定植前施入 100 千克生物有机肥，增加土壤中有益菌群。

(5)补施微量元素 通过叶面追肥、底肥和土壤追肥等补充微量元素肥料，促进番茄健壮生长，增强植株抵御病虫害侵染的能力。

(6)选用抗病新品种 加强品种更新，选用抗病新品种，以提高抵抗病害能力。

(7)实行嫁接换根 利用砧木抗土传病害能力强的特点，嫁接优良品种，避免土传病害的侵染危害，取得良好的生产效果。

(8)消除土壤积盐 在番茄腾茬休闲期密植玉米或其他作物，长成后“掩青”，可以吸收固定土壤中一部分过剩的肥料；同时“掩青”后在腐烂过程中的微生物又可固定一部分速效氮等矿质元素，以培肥地力，增强土壤的缓冲性能。另外，通过田间灌水淋洗后挖沟排水也能够消除土壤积盐。

(9)有条件的地方可采用水旱轮作 如与水稻、莲藕轮作或改养鱼等，可减轻根结线虫和土传病害发生。

11. 田间消毒对番茄商品性生产有什么好处？怎样进行？

田间消毒的目的是提前预防病虫害，降低番茄生长期的发病率和管理难度，减少农药使用，提高番茄无公害生产水平。田间消毒包括土壤消毒、架材消毒和保护地内的棚架和墙体消毒等。保护地土壤消毒可采用日光消毒、氰氨化钙消毒，也可采用过氧乙酸1 000倍液（每667平方米施用0.5千克）或福尔马林100倍液（每667平方米施用4～5千克）按20～25厘米开15厘米深沟浇施，浇后封沟闷3～5天，翻耕撒药后使用。甲醛对番茄苗有刺激，必须在使用前10～15天进行土壤处理。夏秋季栽培的重点是防治根结线虫，每667平方米可用98%棉隆微颗粒剂3千克或40%威百亩水剂4～6千克处理土壤，也可沟施丁硫克百威颗粒剂5～7千克、撒施10%噻唑膦颗粒剂1.5～2千克或线虫必克2.5～3千克等。

保护地栽培在使用前要对栽培环境进行消毒，每立方米空间用硫磺粉4克和锯末8克，混匀后在温室内均匀布点点燃，闭棚熏24小时，通风3～5天后再使用。也可以用硫酸铜或高锰酸钾1 000倍液或福尔马林150倍液或5%菌毒清乳剂150倍液等喷洒架杆、棚架后闷棚3～4天进行消毒。

12. 无土栽培对番茄商品性生产具有什么意义？其栽培方式是什么？

采用无土栽培进行番茄商品性生产可以有效解决耕地不足、土传病害严重和番茄连作障碍等问题，便于机械化管理。栽培环境、营养液和栽培基质等可控性强，受外界自然环境影响小，单株产量和单位面积产量高而且有保证，番茄的无害化程度高，品质优良。目前我国一些大中城市的农业科技园区多采用这种栽培方式，主要用于农业观光，也有用作番茄商品化生产的。在一些盐碱化严重、不能进行土壤栽培的地区可采用基质加营养液进行无土栽培。另外，出于农业可持续发展的需要，利用农作物秸秆等进行生态有机无土栽培的技术有小面积的推广应用，但在大面积的番茄生产中仍然是传统的土壤栽培。其主要原因有 4 点：一是无土栽培设施一次性投资大；二是对栽培基质或营养液的管理、栽培环境的管理和栽培技术等的要求高；三是栽培基质每茬都要更换或消毒，在营养液的循环利用过程中要不断调节酸碱度、电解质浓度和营养元素的配比，不合格基质和营养液会导致生产失败，其处理对环境会造成一定的污染；四是无土栽培的能耗高，限制了一些地区的应用。相信随着生产的发展、科学技术水平的提高和经济条件的改善，无土栽培技术会作为土壤栽培的有效补充，在生产上将有较大面积的应用。

常用无土栽培的方式有两种：一是有机生态无土栽培。采用槽式栽培，槽宽 48 厘米，深 30～35 厘米，下铺 0.1 厘米厚的塑料膜与土壤隔开，槽内填充经过粉碎发酵的作物秸秆、甘蔗渣等，配施有机肥。在生产过程中根据番茄生长情况进行浇水，只滴灌清水。这种栽培方式对环境无污染。另外市售的栽培袋和营养块多采用椰子壳、草炭等有机基质制作，使用方便，但栽培基质性质稳定，释放的可利用养分很少，在使用时仍需要浇灌营养液。二是无机基质栽培法。主要采用炉渣、大沙砾和珍珠岩、蛭石等造价低、容易获得、干净无污染、性质稳定的材料。这种栽培法多采用槽式栽培法。由于无机基质不含任何营养，整个生长期中需要用营养液浇灌。另外，要建一个营养液池，利用水位差或动力向栽培槽供给营养液，多余的营养液要进行回收再利用，防止污染环境。营养液可以从市场上购买配置好的肥料，按照说明进行配制。水培番茄的生产投资高、对栽培环境条件和技术水平的要求也高，没有基质栽培易于推广。

13. 定植密度对番茄商品性有什么影响？如何确定定植密度？

定植密度的大小关系着单株番茄的营养面积，也决定了单株番茄的产量。番茄为喜光作物，如定植过密，田间通风透光条件差，湿度大，易引起病害和裂果，植株很容易徒长、花芽分化不良、坐果率下降、果实不膨大或落果、转色困难、易发生筋腐病、品质和产量下降等；如定植过稀，受各种栽培期、栽培条件和番茄生长习性的影响，番茄的单株产量不能充分发挥，总产量会受到一定的影响。因此，只有合理密植才是充分利用光能，提高光合效率，增加产量的一项有效的栽培措施。

番茄的定植密度与栽培条件、栽培时期、土壤肥力、品种特性、整枝方式、留果层数、生长期长短以及个人栽培管理习惯等有关。在一般条件下，保护地栽培密度低于露地，长季节栽培低于短季节栽培，夏季栽培低于春季栽培，高肥力地块低于低肥力地块，大叶片品种低于小叶片品种，双秆整枝低于单秆整枝，采用促秧供果栽培方式的定植密度低于控秧促果的栽培管理方式。一般采用一膜双行，宽窄行定植时，株行距为 0.25～0.33 米×0.55～0.6 米。留果 2～3 穗时（矮架栽培），株行距可小些；留果 4 穗左右或双秆整枝时，株行距可大些。大架栽培留果 5 穗以上时，畦宽为 1.3～1.6 米，窄行为 50～60 厘米，株距为 33～50 厘米。采用平畦栽培时，每畦定植 4 行，株行距为 40 厘米×40 厘米。

14. 定植时期对番茄商品性有什么影响？

番茄商品性生产是通过销售获得一定经济收益为目的的，达不到这个目的，生产就没有意义。选择适宜的定植期，首先要根据自身的生产条件或根据最佳上市期推算定植期，然后创造适宜的栽培条件进行定植。

露地栽培一般在晚霜过后，日平均气温达 15℃以上时定植。为了争取早熟，在不致遭受晚霜危害的前提下，一般应争取早定植。在华北地区一般于 4 月下旬，即谷雨节气过后定植；黄淮地区多在 4 月中旬，最早可在清明节前后定植，定植的具体时间要多留意天气预报，尤其是中长期预报。

不加盖草苫的大棚栽培，其适宜的定植期在 3 月中旬，比露地提早上市半个月。

加盖草苫的大棚保护地栽培，适宜在 2 月中旬前后定植，比露地提早上市 1 个月。越冬日光温室番茄栽培，适宜在 10 月 1 日前后定植，在元旦前后上市，上市期达 5～6 个月，是经济效益最好的生产茬口。

露地越夏番茄有专一种植越夏番茄的，也有种蒜茬番茄、麦茬番茄的，主要供应 7～10 月份的番茄市场，定植期在 4 月下旬、5 月下旬和 6 月中旬。在保护地进行越夏栽培时，定植期可根据市场需求确定，该茬栽培的环境条件已经不是生产的限制因素。

秋季延后栽培，一般在 8 月上中旬定植，11 月份上市。

近年来，高山蔬菜栽培发展迅速，主要是利用海拔 800～1 200 米的高山夏季冷凉气候进行番茄生产，以弥补 9～10 月份平原地区番茄市场供应的不足。高山番茄栽培的定植期一般在麦收后的 6 月中下旬，如定植过早，雨水少，易干旱，有浇水条件的山区可以提前到 5 月下旬定植，这样效益会更好。

15. 保护地番茄和露地番茄商品性的差别表现在哪几个方面？

主要表现在上市期、番茄的外观性状、品质性状和产量 4 个方面。

(1)上市期 保护地番茄能够根据市场的需求进行春提前、越夏和秋延后以及周年生产，实现番茄的高产高效益，而露地番茄只能根据季节安排生产，上市期集中而且短，正赶上各种蔬菜水果大量上市，因此销售价格低，单位面积效益远不如保护地生产。

(2)外观性状 同期上市的番茄，保护地番茄的色泽优于露地番茄，但空洞果多于露地番茄。由于保护地番茄至少比露地多一层覆盖，降低了光照强度，改善了栽培环境的温、湿度条件，避免了雨水尤其是暴雨的危害，生产的番茄色泽好、裂果少、结果数多、病害少、果实整齐度高、商品果率高；而露地番茄因光照充足、通风透光好、营养物质积累丰富，果实发育充实，但同时也因为强光照、干旱和暴雨等引起果实灼伤、转色不良、射裂、环裂、各种病果等相对增多，市场销售不畅。

(3)品质性状 露地番茄的品质优于保护地番茄，尤其是春秋露地番茄，由于光照充足、昼夜温差大、通风好，光合产物的制造和积累充分，因此品质、风味好。

(4)产量 保护地番茄的产量远高于露地番茄。在保护地生产条件下，栽培环境可以通过人为控制加以改善，有效地延长番茄生育期，促进开花坐果，提高番茄产量；而在露地生产条件下，如遇不良环境和气候条件时，植株生长势衰弱，坐果不良，有效产量将大大降低。

同时，应该指出的是，在遇到少雨、寡日照的气候条件时，露地番茄的综合经济性状优于保护地番茄。

16. 中耕、除草对番茄商品性有什么影响？

中耕除草可改善番茄根际和田间的生长环境，促进番茄生长发育，减少病害发生，提高产量和果实品质。

中耕的作用有 4 个方面：一是增强土壤的通透性、蓄水保墒和提高地温，促进根系发育和营养吸收，有利于开花坐果和果实发育，从而提高番茄商品性；二是加快地表水分蒸发，降低田间湿度，减少病害发生；三是减少杂草危害和病虫孳生；四是中耕可避免土壤板结，改善土壤的理化性质。

中耕的时期和方法：定植缓苗后进行深中耕和培土，这是番茄生育期中最关键的一次中耕，对提高地温和促进根系下扎、增强植株抗逆性起到关键作用。进行膜下灌水时，最好定植缓苗后进行一次中耕再铺地膜。在坐果初期，浇水后浅中耕，以保墒、降湿、防杂草；进入结果期后，结合除草以及清除地面青苔、红苔等进行浅中耕，减少杂草危害，提高土壤通透性。在番茄整个生育期中，一般中耕 3～5 次。如土壤黏重、浇水多和前期多雨，中耕次数要多；越夏栽培因生长期长，中耕次数也要增加。

除草的作用是防止杂草与番茄争夺养分、影响田间通风透光、增加田间湿度、影响田间管理操作、孳生病虫害等。除草的关键在于除小草，如果地膜下生草，也要及时揭掉地膜铲除杂草。在夏季利用“生草降温”栽培时，草的高度不能超过 10 厘米，密度以地面有花荫即可。一旦气温下降，立即铲除杂草。

17. 浇水对番茄商品性有什么影响？浇水的技巧是什么？

番茄果实的含水量在 92%以上，可见水分对番茄商品性形成的重要性。番茄苗期需水量小，但到了结果盛期，需水量大增。在不具有浇水条件的地区进行番茄生产，产量将难以得到保证。在雨水量大、下雨次数多的夏季和高山地区，番茄病害严重。如有条件，最好用干净的井水浇灌番茄，防止污水带菌引起病害。

浇水要讲究技巧：一是看天、看地、看苗浇水。即选择晴天浇水，这在保护地显得尤其重要，可防止高湿、弱光引起裂果、徒长和病害发生等；地面见干见湿时浇水；植株生长点叶片颜色由绿色转深绿色时浇水。二是前控后促。浇足定植水，及时浇灌催果水，结果期水分要均衡供应。苗期需水量少，地面宜干燥，以促发根和花芽分化，防止水分过多引起幼苗徒长。定植水要充分保证每株幼苗都能得到足够的水分，如果定植水不足或幼苗较小，定植后 7 天再浇 1 次缓苗水。第一穗果实坐稳后（第一穗果实如乒乓球大小时）及时浇催果水，这次浇水很重要，如浇得过早，植株易徒长而影响坐果或引起落花落果；如浇得晚，影响果实膨大和植株生长，不利于提高番茄的商品性和总产量。进入结果期后浇水要均匀，不能大水漫灌和忽干忽湿，宜地面见干见湿，即畦沟早上湿润，中午发白干燥时再浇水。夏季晴天于傍晚浇水，春季和保护地于晴天上午浇水。浇水量以达畦沟的2/3为宜，保持根际周围土壤干燥，防止大水漫灌造成的土壤板结、根际高湿和土壤干裂等引起的根系生长不良和病害发生。在高温、干燥的气候条件下，要浇透水，2 次透水间浇灌 1 次小水以改善田间小气候。保护地内冬季（1～2 月份）采用膜下灌水或滴灌，以降低保护地空气湿度；气候转暖后大小畦轮换浇灌。

18. 蹲苗在番茄商品性生产中有什么意义？

番茄整个生育期中有两个时期需要蹲苗，蹲苗时间的长短和程度与环境温度有关。第一个蹲苗时期是幼苗期，在苗床上，即分苗成活后至成苗，主要是促进植株由单纯的营养生长向营养生长和花芽分化协调并进，培育优质壮苗。通过控制苗床土壤湿度和空气湿度、增强光照来促进根系生长、控制植株营养生长，防止徒长，促进营养生长向花芽分化的转化，使花芽分化充实，提高花芽分化质量，减少弱质花和畸形花的产生，从而提高坐果率、番茄商品果率和产量。第二个蹲苗时期是番茄定植缓苗后直至第一花序果实进入膨大期，主要是促进番茄植株从苗期转向开花结果期，使光合作用制造的养分更多地转向果实，促进开花坐果。主要通过深耕，控制土壤水分和田间空气湿度蹲苗，以协调番茄营养生长和生殖生长的关系，促进生根和植株健壮生长、防止徒长，使植株浓绿、茎秆粗壮、根深叶茂，使开放的花朵能得到更多的营养，从而满足坐果和果实膨大要求，也为以后开花结果打下基础，防止落花落果或开花推迟、晚熟等。

19. 施肥对番茄商品性有什么影响？其需肥特点是什么？

“庄稼一枝花，全靠肥当家”。在种植相同品种条件下，施肥的多少、肥料的种类和各种营养元素的配比等决定了番茄植株的生长状况、产量、品质、采收期的早晚和长短以及效益等。

番茄是连续开花结果的蔬菜，生长期长，而且有边生长边采收的特点，产量高，需要从土壤中吸收大量养分，需肥量大；属喜钾作物，对磷敏感，根系发达，具有耐肥的特性。在番茄的整个生育期中，不仅需要氮、磷、钾等大量元素，也需要钙、镁、硫等中量元素和硼、锌、铁等微量元素。番茄一生中对钾的吸收量最大，氮次之，钙第三，磷第四，镁第五，但由于番茄对磷的吸收利用率低，因此，生产中磷的施肥量远高于钙。施肥时各元素间的平衡最重要。生产上切忌单纯施用氮肥，或仅施含有大量元素肥料的做法，最好采用测土配方施肥，缺什么补什么，缺多少补多少。生产上提倡多施有机肥，因其在养分供应上，可同时满足番茄对大量元素和微量元素的需求。

番茄不同生育期对肥料的需要量差别很大，幼苗期需肥量小，对磷敏感，缺磷时影响花芽分化；进入开花结果期后，需肥量逐渐增加，对氮、磷、钾、钙等元素以及二氧化碳等的需求量增加；进入结果盛期后，需肥量达到最高，需钾量也达到最高；到了结果后期，根系吸收能力减弱，为了防止植株早衰，在进行土壤追肥的同时还要进行叶面追肥。

番茄从定植到采收结束，对氮的吸收量呈直线升高，吸收最快的时期是从第一穗果实膨大开始，吸收速率和吸收量都有增加，主要供给植株营养体的生长和果实迅速膨大，到了盛果期以后，需肥量趋于平稳。苗期对磷的吸收虽少，但不能缺，自果实膨大期开始吸收有所增多。对钾的吸收则自第一穗果实进入膨大期开始迅速增加，结果盛期，其吸收量约为氮的 1.5 倍，而此期也是对钙肥的吸收高峰。因此，通过及时而又适量的平衡施肥，是协调植株生长，达到高产、优质、高效生产目的的极其有效的栽培措施。

20. 提高番茄商品性的施肥原则是什么?

番茄施肥总的原则是：基肥足、苗肥稳、花肥巧、果肥重，全期氮、磷、钾合理搭配。施肥应与番茄的生育期及其对各种养分的吸收量相吻合，以提高土壤肥力、降低硝酸盐含量、改善番茄品质和提高产量为原则。以有机肥为主，推广配方施肥，做到控氮、稳磷、增钾，提倡使用生物有机肥、复合肥和番茄专用肥，有针对性地施用微肥。适时适量使用氮肥，不过量施肥，收获前 18 天禁止施用化学肥料等。施肥量的大小与土壤中养分含量和预期目标产量有关。科学的施肥方法是采用测土配方施肥。

21. 提高番茄商品性的施肥量是怎样计算的?

番茄的产量、品质、大小等与施肥的数量和养分的平衡有直接关系。有资料表明，每生产 1 000 千克番茄需要从土壤中吸收氮 3.2 千克，磷 0.95 千克，钾 5.0 千克，氯化钙 3.1 千克，氧化镁 0.7 千克。可以根据每 667 平方米番茄预期的产量和每生产 1 000 千克番茄所需要的养分含量计算每 667 平方米番茄的净需肥量（即从土壤中携出的养分量）。用携出的养分量除以所使用肥料的利用率就是实际的施肥量。一般番茄植株对氮肥和钾肥的利用率为

50%～60%，对磷肥的利用率为20%。

22. 怎样施肥才能提高番茄的商品性?

优先使用腐熟有机肥和生物有机肥，补充施用化肥。施肥量确定后，首先根据有机肥的施用量和所施有机肥中的有效养分含量算出施入土壤的氮、磷、钾等营养成分的数量；其次用化肥补充施肥量的不足。化肥为速效肥，在土壤中容易流失，多用作追肥。然而化肥中的过磷酸钙和微量元素肥料等容易被土壤固定，缓释性的和需要量很少的肥料可以作基肥一次性施入，其他的化肥可以部分(一般占1/3)用作底肥，其他用作追肥。

23. 提高番茄商品性的基肥施用原则是什么?

基肥具有保持和提高地力、为本茬番茄或下茬作物提供营养的作用。番茄是高产作物，生育期长，根系发达，需肥量大，而基肥的施用可供番茄全生长期的养分需要，因此进行番茄商品性生产必须施足基肥。基肥应具有性质相对稳定、持效期长、不易流失等特点。番茄苗期的需肥量小，对养分的需求全面，基肥以腐熟过筛的有机肥为主(肥沃园土：有机肥＝4：6)，再加入0.1%～0.2%的低氮复合肥(氮：磷：钾＝1：2：2)。保护地番茄施肥是一项弹性大而且极为复杂的技术，多采用“追时效、高投入、高产出”的集约化施肥原则，基肥施入量一般比露地增施1倍左右。地膜覆盖栽培追肥不便，也以基肥为主。

(1)优先施用有机肥 采取重施优质有机肥作基肥的平衡施肥体系。有机肥一定要经过生物发酵、高温发酵或堆沤腐熟，杀灭肥料中的病菌和虫卵。有机肥能够长期全面补充番茄生长所需要的营养，疏松土壤，提高土壤的保水、保肥和储热等能力，同时微生物的活动还能释放出二氧化碳供番茄光合利用。贫瘠的土壤每

667平方米每茬番茄都要施入腐熟有机肥4 000～5 000千克,中等偏上的番茄每年每667平方米需要施入腐熟有机肥3 000～4 000千克。已经培肥或肥沃的土壤(有机质含量4%以上)可适量施入腐熟有机肥,一般每年每667平方米有机肥(有机质含量不低于10%)的施用量不能低于2 000千克,栽培茬次多时应多施有机肥。

保护地番茄增施有机肥,不仅可提供速效养分,而且对调节大棚、温室内的二氧化碳含量和土壤温度等都有一定的作用。

有机肥的施用方法:有机肥用量大时,可进行普遍撒施和深翻;一般情况下2/3撒施,1/3集中埂施;2 000千克以下的有机肥一般用作埂肥,集中使用,以提高肥效。

(2)合理施用化肥 在土壤肥力较低、所施有机肥不能满足番茄生长需要时,可增施氮、磷、钾化肥补充土壤养分的不足。过分集中施用化肥,会造成番茄生长发育不良,影响番茄的产量和商品性。一般磷肥(如过磷酸钙、钙镁磷肥、钾镁肥、磷酸二铵)在土壤中不容易流失,也不容易给番茄生长带来不良影响,故多作为基肥施入;三元复合肥性质稳定、养分释放缓慢、供给时间长,因此也常用作基肥;硫酸钾肥的水溶性差,也可用作基肥,一般每667平方米用量为20千克。其他化肥一般不用作基肥,必须使用时一定要控制施用量,如尿素每667平方米施用不超过15千克。用作基肥的化肥一般采用集中埂施,这样可以提高肥料利用率,减轻土壤对磷肥的固定。养分含量低的化肥,如过磷酸钙、钙镁磷肥等常普遍撒施。

(3)适量施用微量元素肥料 当生产中发现番茄严重缺乏某种营养元素导致的病害时,一定要及时通过施基肥进行有效补充,缺什么补什么。微量元素的用量少,持效期较长,可3～5年或更长时间施1次,一般每667平方米施硫酸铜2～3千克、氧化锌1～2.5千克,硫酸亚铁2千克,硫酸锰1～1.6千克,硼砂0.5～1千克，钼酸铵0.1千克，如过量施用容易导致番茄生长不良。

24. 在不同的栽培环境条件下，追肥对番茄商品性有什么影响？

低温期，番茄根系吸收能力差，植株生长缓慢，对肥料的需求量少，一般不需要追肥。

夏季高温多雨，肥料分解快，露地番茄受雨水冲刷肥料流失严重，宜少施勤施。多雨季节宜穴施、条施。干旱天气结合浇水施肥，轻肥重浇。

不同土壤每667平方米每次追施化肥的限量为：砂壤土施硝酸铵15千克，壤土和黏土施18千克；砂壤土施尿素10千克，壤土或黏土施12千克；砂壤土基施过磷酸钙40千克，壤土或黏土基施50千克；砂壤土施磷酸二铵25千克，壤土或黏壤土施35千克。如过量施用将影响根系发育。

在保护地栽培条件下，由于栽培环境相对封闭，不宜追施未经腐熟的有机肥以及氯化钾、硫酸钾、硫酸铵等酸根不易被吸收而留在土壤中的酸性肥料，提倡施磷酸铵、磷酸二铵、尿素、过磷酸钙、硝酸铵及番茄专用肥等，防止肥料发酵分解过程中产生的有害物质对当季番茄的伤害和肥料残留造成土壤板结对今后生产的危害。

25. 怎样进行保护地冬季提高番茄商品性的“四结合”施肥？

(1)有机肥和无机肥相结合 有机肥持效期长，能增强土壤通透性和团粒结构，增强土壤吸附离子的能力，但肥效缓慢；而无机肥肥效虽快，但持效期短，短时间内土壤溶液浓度高，影响根系发育和吸收，且容易引起土壤板结。二者结合不仅可改良土壤结构，而且可增强土壤的供肥能力。

(2)穴施肥和冲施肥相结合 以多元复合肥为主，冲施肥能解决表层根需肥问题，穴施或条施肥能活化土层，增加根系，缓解肥效。

(3)大水与小水冲施相结合 晴天施肥，看苗用肥，用量要合理。肥大水大，少施勤施。施肥浇水后及时中耕松土。

(4)生物肥与化肥相结合 生物肥料含有多种有益菌，具有活化土壤、调节水分的功效，与化肥配合施用，能解除肥害，增加土壤有机质，促进根系发育。

26. 提高番茄商品性的土壤追肥技术是什么？

番茄在不同的生育期对肥料的需求量有很大的差别，需要分期施肥，以作为基肥的补充和避免过分集中施肥导致的番茄生长不良。土壤追肥能从根本上解决番茄对养分的需求，是番茄商品性生产中主要的追肥方式。

(1)幼苗期追肥 番茄苗期需肥量小，在基肥充足的情况下整个苗期一般不需要追肥。基肥不足时，可结合浇水每平方米追施磷酸二铵或低氮复合肥40～50克。

(2)定植后至第一穗果实坐稳 这个时期指从定植到第一穗果实生长至核桃大小。在基肥充足的情况下，此期不需要追肥，以蹲苗为主，以促进根系发育和开花坐果。如果基肥不足或幼苗生长势弱，可在第一花序开花前追施提苗肥，每667平方米追尿素5～8千克。提苗肥要早施，以有利于番茄发棵、增加叶面积和进入开花结果期(开花至果实坐稳的时期)后对养分需求量急剧增长的需要。

(3)第一穗果实坐稳至开始采收 第一穗果实坐稳后，膨大速度加快(进入膨果期)，同时第二、第三、第四等花序陆续开花结果，需肥量直线上升，直至第一穗果实开始采收，单株番茄的负载量达到最大(盛果期)，进入需肥盛期。第一穗果实进入膨大期是番茄结束蹲苗的标志，此时追肥对番茄的整个生长期具有重要意义。膨果肥以高氮复合肥为主，每次每 667 平方米追施 15～20 千克，或尿素和硫酸钾各 10 千克。以后每穗果实进入膨大期都要进行追肥，第三穗果实进入膨大期后的追肥以高钾复合肥为主。增施磷、钾肥不但能增产和提高果实品质，还可减轻病害。磷、钾肥对春番茄有明显的增产作用。如果进行早熟栽培和仅留 2～3 穗果实，在基肥充足的情况下，一般追肥 2 次。留果穗数多时，每穗花序果实坐稳时都要追肥。

养分供应不足很容易导致根、茎、叶等营养器官缺乏营养而早衰，功能下降。留 5 穗以上果实时，第五穗果实追肥时要配合追施腐熟有机肥，每 667 平方米可追施腐熟鸡粪 500 千克，直至打顶后最后一穗果实膨大，同时配合追施叶面肥。

27. 膨果肥在提高番茄商品性中有什么意义？

番茄生长进入膨果期后，营养生长和生殖生长旺盛，而且同时进行，如追肥不当，对番茄的产量、品质和采收期影响很大。如追肥过早，果实还小，膨大慢，需要养分少，常因营养生长过旺导致落花落果，使成熟期推迟；如追肥过晚，果实已经膨大，加剧了对养分的争夺，将导致营养生长衰弱，出现坠秧现象，使果实商品性下降，同时影响第三、第四花序坐果，最终导致总产量下降。只有适时追肥，才能均衡番茄营养生长和生殖生长对养分的需要，达到早熟、丰产、优质、高产的目的。

28. 在不同的土质中怎样施肥才能提高番茄的商品性？

沙质土宜施速效肥，而且要轻施、勤施；黏性土以施用肥沃、疏松的有机肥为主，以利于改善土壤的通气性，促根发育。与沙土地不同，黏土地的土性冷、春季升温慢，通透性差，作物生根难，发老苗不发小苗，有机质矿化慢、肥效和供肥慢。黏土地土壤紧实，有机质含量高，保肥性强，养分扩散慢，且不易流失，肥效长，番茄后期生长好，产量高，生产上应施充分腐熟的有机肥，化肥一次适当多施，不至于造成烧根或养分流失；磷、钾肥尽量靠近作物根系（距离根茎 15 厘米），并及时浇水，以水调肥，提高肥效。

29. 怎样实施提高番茄商品性的叶面追肥？

番茄叶面追肥要本着缺啥补啥、浓度准确、不发生药害的原则。选择晴天傍晚或雨后晴天、叶片上无露珠、气温为 18℃～20℃（此时叶片气孔全部张开，有利于吸收肥料，避开中午高温期）、空气相对湿度为 50%～80%时进行叶面喷施。

（1）选择合适的喷洒时期 番茄开花前期、谢花期、膨果期等对营养元素敏感期；番茄生长中后期，一般在第四穗果实进入膨大期，根系吸收能力差，不能满足番茄正常生长和开花结果的需要；番茄叶面、果实或新梢出现缺素症状初期等，可进行叶面追肥。一般叶面追肥，花前喷钼、初花期喷硼（促进花粉粒萌发和花粉管伸长）、锌（防止小叶病）；苗期喷尿素和磷酸二氢钾，促进幼苗健壮生长和花芽分化；果实膨大期喷磷酸二氢钾，可促进坐果和果实膨大，提高果实品质。番茄生长后期喷洒复合微量元素肥料，或氨基酸肥料、黄腐酸盐等，保持植株健壮、延迟衰老，对提高产量和果实品质，有良好的效果。

（2）喷洒合适的部位 以喷叶背为主，正反兼顾。同时根据不同营养元素在番茄植株内的移动性强弱确定喷洒部位。一般情况下，营养元素在植株内的移动性强弱顺序是：氮、磷、钾、镁移动性较强，氯和硫能移动，锌、铜、锰、铁、钼能部分移动，硼和钙不移动。移动性强的元素可对整株喷洒，喷后见效快，喷施次数可少些；在植株内移动性稍差的元素，可喷整株或偏重喷洒新叶，喷施次数可增加；不移动的元素应重点喷洒新叶和嫩叶，并适当增加喷施次数，缩短喷洒间隔期。

(3)喷洒次数 一般间隔10～15天喷1次，最好连喷2～3次。也可根据缺素的种类、症状的轻重确定喷洒次数和喷洒间隔期。

(4)喷洒浓度 苗期浓度可低些，成株期可高些。适用浓度一般为：尿素0.2%～0.3%，浸泡24小时的1%～2%过磷酸钙、1%草木灰浸出液，0.5%氯化钾，0.01%～0.05%硼、铜、镁、锌等，0.2%氮磷钾三元复合肥，0.2%～0.3%磷酸二氢钾，0.1%绿芬威3号和1号，400倍的氨基酸高效液肥以及黄腐酸锌等。

30. 怎样实施提高番茄商品性的二氧化碳施肥技术?

二氧化碳是番茄光合作用的原料之一。空气中二氧化碳浓度约为300毫升/米^3。在保护地生产条件下，番茄夜间因呼吸作用和土壤微生物活动放出二氧化碳，清晨浓度约为450毫升/米^3，高于外界。日出后棚内温度升高，番茄开始消耗二氧化碳进行光合作用。半个小时左右棚内二氧化碳浓度降至70～135毫升/米^3，不利于光合作用的正常进行，此时除利用通风进行调节外，需要进行二氧化碳施肥。二氧化碳追施时间一般从定植缓苗后开始，如植株生长旺盛，可在开花着果期至盛果期进行，每天日出后0.5～1小时或通风前2小时开始，施用时间一般在2小时以上，施用浓度为800～1 500毫升/米^{3}即可。苗期浓度小些，盛果期大些。深冬期间棚室通风晚、风量小，追施二氧化碳的时间应长些。连续施用20天左右，可提高番茄前期产量和总产量，增产达20%。常用的追肥方法如下。

(1)碳酸氢铵化学反应法 将工业用废浓硫酸(96%)与农用碳酸氢铵反应产生二氧化碳。每667平方米大棚用4～5个塑料桶，吊在棚架上，桶口高出植株50厘米左右(二氧化碳较空气重，易下沉),桶内盛6厘米深的清水,每日将碳酸氢铵和硫酸平均加入各桶中,倒时注意安全,倒入后搅拌。在不同浓度的二氧化碳条件下,碳酸氢铵和硫酸的用量见表1。桶中残液要经常清除。这种方法操作简便,成本低,原料来源广,效益较高。

表1 碳酸氢铵化学反应配比

碳酸氢铵用量（千克/667平方米）	硫酸用量（千克/667平方米）	二氧化碳释放量（千克）	二氧化碳目标浓度（毫克/千克）
1.80	1.15	1.05	500
2.88	1.84	1.68	800
3.60	2.30	2.09	1000
5.40	3.45	3.14	1500

(2)石灰石(碳酸钙)化学反应法 用4.7千克灰黑色的优质石灰石块,分别放入4～5个玻璃缸或瓷盆中,将10%稀盐酸34千克分别加入,所产生的二氧化碳,可使667平方米保护地内的浓度达到1 000毫升/米^3。

(3)燃烧法 用石蜡、白煤油燃烧放出二氧化碳为好,天然气、液化石油气和丙烷次之。应该注意的是,不管用哪种燃料,含硫量均不得高于0.05%。一般每千克天然气燃烧后可产生3千克的二氧化碳气体,可使667平方米保护地内的二氧化碳浓度达到1 500毫升/米^3。

(4)纯二氧化碳追肥法 用酒精发酵的废产品经高压液化后注入钢瓶。瓶口安装减压阀和流量表,接上乳胶管,架放在番茄冠层20～100厘米处。在管上每隔1～2米凿一微孔喷气。应用时启动减压阀门,调整流量,二氧化碳即从乳胶管的小孔上均匀地释放到温室中。一般每667平方米大棚每天释放2千克纯净二氧化碳,棚内浓度可达1 000毫升/米^{3}左右。晴天棚内光照达2 000勒克斯时开始追施,持续时间一般为1～1.5小时。棚体小时,可降低流量,或放半小时停半小时。阴天应推迟放气时间,降低施用浓度,一般不要停用。施用量的多少与棚的大小有关。当计划棚内施用浓度为 1 000 毫升/米^3(相当于每立方米空间内含二氧化碳1 000毫升)时,按每 1 000 毫升(1 升)二氧化碳重 2 克计算,则每立方米空间需要 2 克二氧化碳。

棚内二氧化碳用量(克)=大棚或温室容积(立方米)×2 克/立方米

二氧化碳释放量(升)=棚内二氧化碳用量(克)÷2 克/升

释放时间(分钟)=二氧化碳释放量(升)÷二氧化碳流量(升/分钟)

31. 平衡施肥对番茄商品性有什么影响?

研究证明,平衡施肥可以提高番茄的抗性、商品性和产量。肥料作用的大小只能通过平衡施肥体现出来,单一施肥和过量施肥都会对番茄生长、产量和品质带来不良影响。

在所有肥料中,氮对番茄产量的影响最大,但对番茄的抗病性、抗逆性、品质来说,过量的氮是有害的;相反,钾及微量元素虽在产量上作用不明显,但对提高抗性、品质来说十分重要;磷对番茄的花芽分化、种子的生长发育具有重要的作用。因此,在番茄生产上应巧妙地配合氮、钾、磷肥及微量元素肥料的施用,促使番茄生长良好,达到优质高产。

在所有的肥料中,钾对番茄的品质影响最大。番茄的含糖量、维生素 C 含量随钾肥的增施有升高的趋势,硝态氮肥含量随钾肥的增施有降低的趋势。在增施钾肥的基础上,适当减少氮肥用量可提高番茄含糖量。番茄对钾的吸收量增加,氮吸收量也相应增加;在高钾水平下,增施氮肥可以提高钾的吸收。钾能增强番茄光合作用,其原因是钾能增强根系对硝酸盐的吸收和增大其进入叶片的流量,钾在硝酸盐的吸收和从根向枝叶运输的过程中起着支柱的作用。没有钾，要维持硝酸盐的高流量是完全不可能的。提高氮肥和钾肥的用量能增强番茄对磷肥的吸收，其中钾肥作用大于氮肥。提高氮肥用量能增强番茄对钙、镁的吸收，而提高钾肥用量则会抑制其对钙、镁的吸收。冬季大棚番茄增施钾肥，可延迟根和枝的衰老，延迟脱落酸的形成，改善番茄植株内的库源关系，增产幅度达 11%～17 %。叶内较高的钾含量会有利于果实均匀着色，减少黄斑果、畸形果和空洞果产生。钾对减轻真菌性病害（尤其是链格孢菌引起的病害）的作用最大，细菌性病害次之，对减轻昆虫（如介壳虫、螨，特别是蚜虫）造成的损失也有效。钾、氮不平衡易减弱番茄的耐霜冻能力。偏施氮肥会加重番茄冻害程度，施钾可提高番茄果实糖分和碳水化合物贮量、可溶性蛋白质和阳离子的含量，从而增强冬季耐低温能力和加快春季恢复生长。适宜的氮钾比可降低番茄脐腐病的发生率。

有关研究表明，在无土栽培条件下，按氮∶磷（P_2O_5）∶钾（K_2O）=1∶1∶2 ，再加入 0.5%的微量元素锌、铜、钼 、锰、硼的处理，在产量、品质及生理生化指标上都优于其他处理。因此，认为微量元素在植物体内具有独特功能，如钼是硝酸还原酶的组成成分，锰则与叶绿体片层系统的完整性有关，抗坏血酸氧化酶对植物铜营养状况十分敏感；遗传物质聚合酶都需要锌，锌肥不仅可增加果实产量，同时也可改善果实品质、提高果实中维生素 C 、可溶性糖含量，降低酸度，增加果实中的含锌量；而硼则与细胞壁结构有关，可促进细胞分裂和核酸代谢，对移植后各生育期养分吸收均有明显促进作用，番茄 3 叶期以前对硼反应敏感，5 叶以后对硼耐受力增强，大田栽培期间，适宜浓度的硼对番茄养分吸收有明显的促进作用，并对碳、氮代谢有良好影响；施钙肥虽无增产效果，但可明显增加果实中维生素 C 和钙的含量，提高番茄的耐藏性和减轻脐腐病的发生。

32. 整枝方式对番茄商品性有什么影响?

整枝方式是指生产中对番茄结果枝条的整理和选留方式。番茄植株的发枝力很强,主枝上每片叶的叶腋中的侧芽都能萌发,几乎与叶片生长的同时,叶腋中的侧芽萌发生长成侧枝。侧枝具有速熟性,一般长出2～3片叶即出现花蕾,能开花结实。同时侧枝上每片叶的叶腋间还能萌发新侧枝——二次枝,二次枝还能萌生三次枝……如果放任不管,番茄会长成枝秧丛生、杂乱无章的株体,消耗大量养分,结果减少,熟期推迟,品质下降,产量降低;同时枝条互相遮蔽,影响通风透光,将加重病虫害的发生,因而栽培上必须对植株进行整理,选留一定数量的有用枝条。番茄常用的整枝方式有单秆整枝、一秆半整枝、双秆整枝和多秆整枝。在番茄长季节栽培中,换头整枝法也经常被采用。不同的整枝方式对番茄的成熟期、上市速度、产量等有较大的影响。

(1)单秆整枝 只选留主秆结果,其余侧枝全部打掉。此整枝方式可促进第一花序坐果,促进早熟,提高前期产量。这是无限生长品种最常用的整枝方式。自封顶品种多在进行早熟、短季节生产和密植栽培中采用,这样能减少侧枝对养分的消耗,加快第一穗果实膨大,提早成熟。

(2)一秆半整枝 除选留主秆结果外,在第一花序下的侧枝(即第一侧枝)上留1穗果,上留2片叶打顶。自封顶品种和无限生长品种均可应用这种整枝方式,始收期较单秆整枝晚,第一穗果实略小,但前期产量和总产量均高于单秆整枝。

(3)双秆整枝和多秆整枝 除主秆外,选留第一、第二花序下的侧枝为结果枝,共选留2个以上结果枝的整枝方式。该种整枝方式的番茄晚熟,留的结果枝越多成熟期越晚。在进行多秆整枝时,为了培养结果枝,一般不留第一、第二穗果实。生产中,自封顶品种常采用双秆整枝提高总产量。当番茄种子贵重、苗量不足、稀植栽培、树状栽培或为了赶季节进行制种时，常采用双秆或多秆整枝法。此种栽培法的单株产量高，生育期长，对栽培技术要求高，需加强田间栽培管理和病虫害防治。

(4)换头整枝栽培 选用无限生长类型品种进行换头整枝栽培。常用的有2穗、4穗和6穗换头整枝法。2穗换头整枝法，即当主茎第二花序开放时，上留2片叶打顶，为第一结果枝，同时选留第一花序下的侧枝代替主枝生长；当侧枝上的第二花序开放时，上留2片叶打顶，为第二结果枝，同时选留第二结果枝上第一花序下的侧枝代替主枝生长……按此次序进行下去，进行越冬栽培时可换头7～8次，结15穗果左右，植株高，生长缓慢，省去了落秧的麻烦。这种栽培方式要求植株生长势强，经多次换头衰秧慢。4穗和6穗换头法，即当植株第四或第六花序开花后，上留2片叶打顶，促进果实膨大，上部选留一健壮侧枝代替主枝继续生长，可以再结4～6穗果，下边的果实采完后要落秧。这种栽培方式对品种的要求不严。

换头整枝栽培的优点是：可以根据生产条件、品种特性和当地气候条件，合理安排茬口；换头后有利于下部果实的膨大生长和早熟，提高商品性；可根据栽培时期和番茄生长环境安排适宜的结果期，如采用4～6穗果换头法时，当植株结4～6穗果时进入低温期，此时恶劣的环境条件不利于果实的膨大生长和成熟，为了保证已经结的果实能够得到足够的营养而正常生长成熟，多采用打顶的方式来抑制植株营养生长，等到下部果实膨大、生长、进入成熟期时，选留上部一健壮侧枝代替主枝继续生长、开花、结果，避开不利于番茄果实生长的不良环境条件，有利于田间管理、植株的养分积累和生长恢复，从而提高后期产量和效益。

33. 打杈对番茄商品性有什么影响?

确定好整枝方式后，及时将多余的、不利于番茄开花坐果的侧枝和根蘖打掉，称为“打杈”。打杈可减少新生枝条生长对养分的消耗，促进根系吸收的和叶片制造的养分向果实中运转，促进开花坐果和果实膨大，提高番茄营养品质、商品品质和产量。

打杈要适时。第一次打杈比较重要，一是要根据整枝的要求选留结果枝；二是要掌握好打杈时机，因为此时幼苗还小，叶片少，营养面积小，如打杈过早，将影响根系发育和植株生长；如过晚，侧枝的生长消耗大量养分，将影响第一穗果实的坐果、膨大和成熟。一般当第一侧枝生长至 10 厘米或番茄进入开花期时开始打杈，生长旺盛的植株可以适当早打，生长势弱的植株适当晚打杈或在侧枝上留 2 片叶摘心，以增加植株营养面积，促进发根和植株、果实的生长。第一次打杈后，植株营养生长和生殖生长同时进行，生长速度加快，侧枝发生快、生长快，要在 1 周内进行第二次打杈；间隔 10 天进行第三次打杈，以后随着开花结果数量的增加，进入结果盛期后，侧枝的发生和生长速度减慢，可见杈就打，打早、打小（抹芽）。打顶后可能由于养分充足，常常发生根蘖和叶片上发枝，应及时打掉或摘除。

打杈时应注意以下事项：①避免在有露水时或雨水未干时打杈，防止伤口感染病菌；②当田间有感染病毒病或其他病害的植株时，首先给全部健康植株打杈，然后再给病株打杈，最后用肥皂水洗手消毒；③打杈时，用手左右轻推侧芽，切忌从中间拧断或折断而形成粗糙伤口，难以愈合。

34. 打杈过晚对番茄商品性会造成什么影响？

打杈过晚，常常造成植株疯长、坐果率低；果实膨大慢，果个小，产量低，商品性差，需要抓紧时间整枝打杈，加强田间管理，促进坐果和果实膨大。打杈时应该注意，由于侧枝与主枝长短相当，木质化程度高，不能硬掰，防止掰杈时折断主枝或造成主茎伤口过大感染病害；从幼嫩处折断或用剪刀剪侧枝时，若留有一段长桩，这段长桩由于缺乏营养，很快就会枯死，容易感染病害并传染主枝，同时，如果留桩不当，顶住生长的果实，常造成斑痕，影响商品外观。因此打杈应尽量短留桩，同时打完杈后集中用代森锌 500 倍液和百菌清 600～800 倍液进行一次病害防治。

35. 选留抚养枝对提高番茄商品性有什么影响？

选留抚养枝是针对特殊的番茄植株和栽培季节采取的整枝措施，以加快植株生长、增强植株抗逆性、提高番茄品质和产量。抚养枝也是侧枝，一般留 2～3 片叶打顶，不留果。当番茄生长进入旺盛期或抚养枝对番茄生长造成不良影响时，要及时疏除。

(1)弱苗留抚养枝 定植开花期生长势弱的幼苗，在整枝时选留第一或第二花序下的侧枝，留 2～3 片叶打顶，不留果，以扩大植株叶面积，促进生长和坐果。当植株进入旺盛生长期，抚养枝影响到田间通风透光时，应及时疏除。

(2)越夏番茄留抚养枝 越夏番茄留抚养枝有以下 3 个作用：一是为结果枝和果实遮荫，减轻高温对番茄植株和果实的伤害，从而提高番茄商品品质；二是侧枝的增加可促进根系发育，强大的根系可增强植株抗逆性；三是加强植株的营养供应，提高番茄的坐果率和产量。

(3)留抚养枝方法 在第一次打杈时，保留 1～2 个侧枝(最好保留靠走道一侧的，或将选留的侧枝拉向走道)，疏除上面的花序，保留 3～5 片叶摘心。

36. 打顶及留顶叶对番茄商品性有什么影响？

番茄打顶后叶片制造的养分全部供给最上部花序开花坐果和下部果实的膨大成熟，有利于提高坐果率和果实品质的提高。进入夏秋季后，尤其是露地番茄光照强烈，留顶叶可为上部果实遮荫，减轻日灼、裂果和空洞果的发生，提高果实品质、商品性和产量。

打顶的时间：一般在计划拉秧前 40～45 天。秋季露地栽培一般在霜降节前 45 天打顶，即 9 月上中旬。低温期打顶时间距拉秧期应适当延长，至少保证最后一穗果实能够充分膨大或生长到绿熟期，此期的番茄用激素催熟后品质不比自然成熟的番茄品质差。

无限生长番茄打顶后，要注意将新发的所有侧枝及时打掉，防止养分消耗。自封顶番茄根据生产需要也要打顶。由于自封顶番茄的生长势弱，打顶时，多采用留叶摘花的方法，即除保留的花序外，将其他花序全部摘除，保留上部全部叶片，为下部果实提供营养，促进所留花序开花坐果和果实的正常膨大，将其他侧枝全部摘除。

37. 搭架方式对番茄商品性有什么影响?

番茄的搭架方式一般有直立架、人字架、篱架和四脚架、六脚架等。番茄搭架的目的是充分利用空间，提高群体间通风透光能力，提高番茄品质，提高种植密度，增加单位面积产量。在所有的搭架方式中，直立架的通风透光最好，其次分别是篱架、人字架、四脚架和六脚架。

在进行长季节栽培时，由于植株生长高大，多采用直立架(吊绳)、篱架或大人字架，这样有利于田间通风透光和果实膨大，便于管理，减少病害发生。使用吊绳时，吊架要结实，吊绳要拉紧，防止植株下坠拥挤、郁闭。直立架和篱架的抗风雨能力差、果实无法遮蔽，不能在露地使用。对于季节性栽培的无限生长类型番茄，一般采用人字架栽培，这种架式稳固，通风透光较好。如果当地生长期中风多、风力大，可选用“篱架＋人字架”栽培，其抗风能力更好。在进行短季节速成栽培时，自封顶型品种仅留 3～4 穗果，无限生长型品种也不超过 6 穗，可采用四脚架或六脚架，架材多为竹竿，这种架式既稳固又节省架材。总之，番茄架要稳固，才能保证番茄在整个生育期尤其在采收期中不会倒伏。

38. 绑蔓方式对番茄商品性有什么影响?

生产上栽培的鲜食番茄都是蔓生的，茎蔓柔软，不具有攀缘性，生长到一定程度就要下垂，因此必须通过人工绑蔓来改善番茄田间通风透光能力，以利于田间管理操作，防止病虫害发生；同时，绑蔓保持了番茄的顶端优势，减缓了侧枝的发生，有利于提高番茄的产量和品质。合理的绑蔓还能提高番茄的商品品质。

(1)绑蔓位置 一般在露地栽培条件下，定植后植株约20厘米高时须及时绑蔓，防止大风刮断、刮倒植株，影响第一穗花的正常结果和生长。在保护地栽培条件下，由于保护地内环境相对稳定，一般在第一穗花开始坐果后，在第一穗花下面绑一道蔓。以后每穗果实下面都要绑一次蔓，防止果实膨大后从果梗处劈裂，影响果实的正常红熟。如果采用的是吊绳，至少在每穗花序下要缠一圈，不能缠得太松，防止茎蔓下坠；同时，吊绳松紧要适度，避免株间疏密不均。

(2)绑蔓的方法 绑蔓处的绑绳松紧要适度，防止过紧影响茎秆增粗生长或绑绳缢断茎秆；而在架杆上绑绳要多缠一圈，并系紧，防止坐果后下坠，绑绳下滑，造成茎叶拥挤、郁闭发生病害，影响生长、开花结果和果实膨大等。

(3)绑蔓时应注意的事项 一是注意看花序的方位，在夏季和多风的季节，为了防止日晒和风害，最好使花序向内；在早春和后秋凉爽的季节，花序要朝外，以利于果实早熟。二是要留意花序位置，防止把花序绑在绑绳内或夹在茎与架杆之间，形成夹扁果。夹扁果往往是由于绑蔓时不注意导致的。三是每个结果枝的分杈处都要绑蔓，防止坐果后劈裂坠地；每个结果枝也要绑蔓，防止结果后下垂触地染病；对较高处的结果枝，可在坐果后一只手捏住分杈处，另一只手捏住结果枝基部，轻扭枝条或捏至微劈，以增强枝条承载力，防止劈裂。四是在夏季选留较长的抚养枝时，要根据其作用进行绑蔓，促进结果枝的正常生长和果实膨大。

39. 疏叶对番茄商品性有什么影响？

疏叶可改善田间通风透光条件，减少病叶、老叶和不见光叶片对养分的消耗，减轻病害发生，促进果实膨大，从而提高番茄产量、品质和商品性。

(1)疏叶时期 一是在进入采收期后进行疏叶。进入采收期后，植株下部的叶子开始老化，由制造养分的功能叶变成了消耗养分的老化叶，并且容易受病菌感染和传播病害；二是在田间郁闭时要进行疏叶。由于定植过密、土壤过于肥沃、生育期长或品种的原因等，常导致番茄田间郁闭，使窄行内中下部叶子见不到光。这些见不到光的叶子不仅不能制造养分，相反还要消耗养分，影响田间通风透光，导致果实膨大慢、果个小、果实转色慢和诱发筋腐病；见不到光的叶子生活力弱，易感染和传播病菌；郁闭行间的湿度大，常导致裂果和果皮裂纹，降低果面的光洁度。

(2)疏叶的方法 ①正常生长条件下的疏叶。第一穗果实进入成熟期后将其下部的叶子全部剪掉，以后只疏除黄化叶和病叶。以疏窄行叶和促进通风透光为主，保留足够的叶片为果穗遮光，防止果实发生日灼和转色不良。②生长期发生郁闭时的疏叶。以疏除黄化叶、病叶、老叶和窄行内的不见光叶片为主，保证每花序下留叶不少于 2 片。根据具体情况，可疏掉整片叶，也可以是半片，不可疏除过度。③在春秋季的低温期，保护地内的湿度大，一些被叶片覆盖和附着的果实，由于果面通风差，长期处于高湿状态下，易引起果皮胀裂。此期可将果实周围的叶片剪掉一片或半片小叶，保持叶片和果实的距离，让果实周围通风。

(3)疏叶注意事项 在露地生产条件下，千万不能将果实周围的叶子全部打掉，防止太阳直射引起的日灼和转色不良，以及果温升高而降低耐贮性等；此外，下部叶片也不能太早打掉，以免影响第一穗果实的正常膨大。

40. 疏花疏果对番茄商品性有什么影响?

疏花疏果是指番茄生产中根据植株的生长状况适当选留果实，疏除多余的花果以提高番茄商品性的重要手段之一，它可以提高番茄果实的整齐度和商品外观，提高番茄的商品等级，实现优质优价。

在我们种植的大果型番茄品种中，大多数是复花序类型，成花量大。由于品种和栽培的原因，当一个花序坐果一致时，多个果实同时争夺养分，致使每个果实都长不大，达不到商品果要求，产量虽高，但效益低。当每花序上的花朵开放时间不同时，坐果有先有后，膨大速度不同，果实争夺养分的能力相差悬殊；有的果实虽然坐住果了，但根本长不大，如果任由所有的花朵开放结果，果实大小不一，商品果率低，很难在市场上卖上好价钱，这是所谓“丰产不丰收”的原因之一。因此，提倡番茄生产中要疏花疏果。

一般番茄花序上最先开放的花容易坐果，并且膨大速度快，但为了避免畸形花果和落果的影响，疏花疏果一般在果实坐住后进行。番茄坐果后，要观察果实的生长情况，保留形状和生长正常的果实，疏除多余的幼果和花序前端的花。一般在大果型番茄生产中，第一花序适宜留果2个，以后每花序留果3个左右。中小果型番茄每穗留果4～6个。樱桃番茄不进行疏花疏果。

41. 摘除病虫果对番茄商品性有什么影响?

虫蛀果、裂果和感病果本身已经失去了商品价值，如不及时摘除，这些果实在高湿的条件下腐烂后会污染下部的果实和茎叶，引起下部果实腐烂和茎叶感病，降低番茄产量。因此，一经发现，必须及早摘除。在夏季露地番茄生产中，虫害和病害多、雨水多、温度高，果实虫孔处、裂口处或病斑处进水后导致腐烂，会流出具有很强腐蚀性的腐败液，一旦流到叶子和茎秆上，会导致茎秆干枯；流到果实上，造成果皮腐烂，进而导致整果腐烂；有些被污染的茎叶和果实即使不腐烂，看起来也很脏。尤其是植株上部的果实一旦腐烂常常会殃及下部的所有茎叶和果实，造成不必要的损失。因此，生产中及时摘除病虫果在番茄栽培中显得尤为重要。

42. 花前枝和花前叶对番茄商品性有什么影响？如何防止？

所谓花前枝和花前叶是指花序前端本应是一朵花的位置，却变成了枝条或叶片。花前枝、叶的生长迅速，常常导致其所在花絮开花坐果不良和果实膨大缓慢，严重影响番茄的商品性和产量。

(1)花前枝、花前叶形成的原因 花前枝和花前叶形成的原因很多，有遗传原因，也有栽培因素。作为栽培品种，产生花前枝和花前叶主要是由于栽培不当而造成的。当植株处于花芽分化期时，植株体内营养物质积累不足，本应变成花芽的原始体，因缺少成花激素而变成了叶或叶芽，生长点继续分化而成一个新枝条。在秋季高温、昼夜温差小、光照差、植株徒长时，花穗前端较易形成花前枝和花前叶；春季育苗条件差时，也常有发生。花前枝和花前叶发生后，如果环境条件得不到改善，其生长速度很快，与果实生长争夺养分，抑制果实的膨大和商品性状的充分形成。

(2)防止花前枝和花前叶发生的办法 选择不易产生花前枝的番茄品种；从苗期开始创造适宜番茄生长的良好栽培环境条件，控制徒长，加强苗期营养，减少花前枝和花前叶的形成。花序出现后发现有花前枝或花前叶时，及早将这些枝叶掐掉，对该花序的开花坐果和果实膨大不会产生太大的影响；如处理过晚，将严重影响该花序的开花坐果和商品果实形成。因此，生产上对花前枝和花前叶要做到早发现、早摘除。

43. 植株早衰对番茄商品性有什么影响？如何预防？

番茄植株早衰表现为茎秆细，生长点瘦弱，侧枝少，叶片小且薄、色黄，空果、小果和着色不良以及植株抗性低等，严重影响番茄的产量和品质。

(1)引起植株早衰的主要原因 连作、不合理施肥造成的土壤板结、根系发育不良等；茬口接得过紧，育苗苗龄过大或徒长苗、老化苗等；多效唑、矮壮素、助壮素使用过晚，造成植株头重脚细，根系发育不良，养分供应不足；多效唑、矮壮素、助壮素使用浓度过大，均可造成植株老化早衰。

(2)防治植株早衰的方法 与非茄科作物实行3年轮作，减轻连作对番茄根系发育造成的不良影响；增施有机肥、生物菌肥和微肥；培育壮苗，春季苗龄60～70天、夏季苗龄30～35天、秋冬季苗龄40～45天；合理预防徒长，除水肥控制外，4片叶前使用矮壮素抑制徒长；定植时每穴放入10～15克白糖，有利于生根缓苗、防止早衰并可提高品质和增强抗性。

44. 在提高番茄商品性生产中怎样应用植物生长调节剂？

在提高番茄商品性的生产中，植物生长调节剂和肥料、种子以及农药一样重要，它是农业稳产高产的基础条件之一。没有植物生长调节剂的使用，就会影响农业的高效益。

番茄的食用器官是果实。果实是番茄的生殖器官，而茎叶是营养器官，叶片制造的养分供自身和果实生长。如何使果实源源不断地得到养分,使果实充分发育成优质的商品果?我们在生产中采取了很多栽培技术措施,如控温法、控湿法、加大昼夜温差、整枝打杈、打顶、扭枝、连续换头整枝栽培等,但在低温、高温、高湿以及弱光的栽培条件下,这些方法的应用往往不能达到预期的效果,或这些方法的采用会导致一些病害的发生,给生产带来损失。此时,最好的方法就是使用植物生长调节剂来协调番茄营养生长和生殖生长的关系,即利用2,4-D、防落素等促进番茄坐果,利用矮壮素、多效唑等抑制番茄营养生长、促进生殖生长,利用芸苔素内酯、三十烷醇等延缓番茄衰老,利用乙烯利等促进番茄早熟等,从而实现高产优质的目的。

应该注意的是,激素的用量很小,一定要严格按照使用说明进行,如使用过量时会产生激素伤害。例如,坐果激素使用过量,常导致畸形果的产生和叶片畸形;生长抑制剂使用过量,会使植株过度矮化,影响果实生长,尤其多效唑使用过量时,植株和果实均变小,将降低果实的商品性和降低产量;催熟剂使用过量会导致植株落叶、果面被腐蚀或成熟后很快变软。使用时要根据番茄的品种、生长状况和生长环境条件等具体确定是否使用和使用的浓度高低。生长抑制剂不能代替肥料,在使用的同时还要加强肥水管理,才能达到提高番茄商品性和效益的目的。激素的作用缓慢,一般需要3天或更长的时间才能够明显看出其作用和效果,切忌着急重复使用而导致使用过量,影响生产效益。

45. 2,4-D对番茄的商品性有什么影响?怎样使用?

2,4-D可防止番茄落花落果,促进果实膨大,提高番茄品质,提早10～15天成熟,增加早期产量。

(1)使用时期 在番茄开花前后1～2天使用,可使果实生长迅速、果形整齐。如处理过早,子房膨大慢,所结果实很小或胎座不发育形成空洞果，失去商品价值；处理过晚，果柄离层已经形成或果实已经授粉受精，失去了使用意义。

(2)使用浓度 一般为10～20毫克/千克，气温低于15℃时，浓度可适当高些（15～20毫克/千克）；反之，浓度为10～15毫克/千克。

(3)使用方法 一是浸花法，即将花及花柄在药液中蘸一下，擦掉花朵上残留的药液，防止畸形；二是点花法，即用毛笔或棉花球将药液涂在花柄上。

(4)注意事项 严防药液溅到幼芽和叶片上产生药害；严格使用浓度，如浓度超过25毫克/千克或重复处理，会出现脐裂果和脐突果，脐顶部转色困难。建议在药液中加入红色颜料，防止重复处理。

46. 防落素对番茄的商品性有什么影响？怎样使用？

与2,4-D相比，防落素对番茄枝、叶、芽的药害较轻，可以用小喷壶对花序或花朵喷洒，节省人工，提高工效。使用时期同2,4-D。使用浓度和使用方法如下。

(1)使用浓度 一般为20～30毫克/千克。温度低和生长早期，使用浓度可高些，为30～50毫克/千克；温度高于15℃时，使用浓度可低些。

(2)使用方法

①蘸花法：每一花穗有2～3个花朵开放时，可用一只手持盛满药液的杯子或培养皿，另一只手将花压入药液中，使药液浸没至开花花穗的花梗。此法浸后防止落花落果效果好，其缺点是对没有开花的幼蕾效果差，易出现生长不良状况，用药液较多，药液浓度过大易出现畸形果。

②笔涂法：用毛笔蘸取药液涂抹盛开花朵的花梗离层部和柱

头，药液中加入少量色料作标记，可开一朵涂一朵。该涂法的用药浓度大，效果明显，缺点是费工多。

③喷雾法：用小喷雾器或喷枪在每穗花开 2～3 朵以上时对准花穗喷布，以花朵布满雾滴又不下滴为宜。喷花时，注意不要喷到叶片或嫩梢上。该法省工、效率高。

(3)注意事项 用搪瓷盆、玻璃器皿等配制药液；药液最好现配现用；喷花时用一只手挡住花序，防止药液喷到茎叶上产生药害，万一发生药害，应立即浇大水，能使药害适当减轻；在高温、干燥的环境条件下最好不要使用，防止产生药害；喷花后遇雨会降低药效，要重喷。

47. 矮壮素对番茄商品性有什么影响？怎样使用？

矮壮素主要用于抑制番茄细胞伸长，防止秧苗徒长，但不影响细胞分裂，因而使植株节间缩短、茎秆变粗、叶色变深、植株矮壮，同时叶片缩短、增宽、加厚，增强了光合作用，有利于花芽分化和养分积累，从而达到防徒长、防空果、增产的效果。其使用方法如下。

(1)喷雾法 在番茄苗具有 2～4 片真叶时用 300 毫克/千克矮壮素进行叶面喷雾，可促使秧苗矮壮，增加花朵数。

(2)浇根法 当幼苗移栽大田、植株生长至 30～50 厘米高时，对出现徒长现象的番茄植株可浇灌 250 毫克/千克矮壮素 200 毫升，可防止番茄植株徒长。

(3)浸根法 分苗前用 500 毫克/千克矮壮素浸根 20 分钟，然后植于苗床，可以提高秧苗素质，促进花芽分化，有利于早熟高产。

(4)注意事项 使用浓度控制在 250～500 毫克/千克，最适浓度为 300 毫克/千克，超过 500 毫克/千克将使幼苗受到过度抑制，影响生长。使用矮壮素的田块要加强水肥管理工作，促进植株生殖生长。根据番茄的不同品种和秧苗生长状况酌情确定是否用药,对于不易徒长的品种、生长正常的秧苗,不要使用矮壮素。

48. 多效唑对番茄商品性有什么影响?怎样使用?

施用多效唑处理番茄幼苗可防止徒长,使叶片变短、叶干重增加、叶片增厚、叶绿素含量增加 2 倍,从而增强抗病抗逆性,提高产量。使用方法如下:一般只用于预防幼苗徒长。对出现徒长的秧苗,掌握在 5～6 片真叶时,用 10～20 毫克/千克多效唑进行叶面喷施,每 667 平方米用药液量 35～40 千克,7～10 天后即可控制秧苗徒长,同时出现叶色变绿、叶片增厚、植株和叶片硬挺、变短、腋芽萌生等。用多效唑处理过的秧苗移栽大田后,在水肥充足的条件下,能使多效唑得以缓解,植株生长速度加快,与不用多效唑的植株没有差异。

使用多效唑注意事项:必须严格使用浓度,喷雾要细而均匀,且不能重复喷;防止药液落入土壤、用于浇根或拌土施用在土壤中造成残留,而影响下茬作物。

49. 芸薹素内酯对番茄商品性有什么影响?怎样使用?

番茄苗期喷施芸薹素内酯后,可抑制幼苗猝倒病和后期炭疽病、疫病和病毒病的发生;大田期喷施后,可提高坐果率并使果形增大、产量增加,并能延缓植株衰老。芸薹素内酯的使用方法:苗期用 0.01 毫克/千克芸薹素内酯进行叶面喷施,每 667 平方米用药液 25～30 千克;大田期用 0.05 毫克/千克芸薹素内酯作叶面喷施,每 667 平方米用药液 50 千克,隔 7～10 天后再喷 1 次,共喷 2 次。要严格掌握使用浓度,不得与碱性农药混用。

50. 三十烷醇对番茄商品性有什么影响？怎样使用？

三十烷醇可促进番茄根、茎、叶的生长，使鲜重和干重迅速增加，提高果实中维生素的含量，提高结实率和单果重，增加产量。

三十烷醇的使用浓度和用量：番茄喷施三十烷醇的适宜浓度为 0.1～1.0 毫克/千克，超过 1 毫克/千克时对植株生长具有抑制作用，低于 0.1 毫克/千克时使用效果差，最适浓度为 0.5 毫克/千克，每 667 平方米用药液量 50 千克，整个生长期喷施 2～3 次，每次间隔 7～10 天。喷施时可加入磷酸二氢钾或尿素等混合喷施，增产效果更为显著。

使用三十烷醇的注意事项：要注意药剂的质量，若发现药液混浊和乳析现象，均将影响三十烷醇的使用效果；喷施三十烷醇时，可以与农药、微量元素混用，也可与赤霉素、生长素类和细胞分裂素类等生长调节剂混用，但不能与碱性农药混用，也不能与生长抑制剂类生长调节剂混用。

51. 乙烯利对番茄商品性有什么影响？怎样使用？

施用乙烯利可使番茄提早成熟。乙烯利在生产上已经得到普遍应用，效果显著。乙烯利不仅可使番茄提早成熟、增加早期产量，而且对后期番茄的成熟也十分有利。对于贮藏加工的番茄品种，为便于集中加工，均可应用乙烯利进行处理，而且应用乙烯利处理的番茄，其番茄红素、糖、酸等的含量均与正常成熟的果实相似。由于乙烯利是一种水溶性的乙烯发生剂，在 pH＜4.1 条件下稳定；当被植物组织吸收后，植物组织液的 pH＞4.1，则乙烯利被分解而放出乙烯，可调节番茄植株的生长和发育。乙烯利的使用方法如下。

(1)涂抹法 当番茄从青熟期转向白熟期时,可在植株上用小毛巾、海绵或线手套等蘸4 000毫克/千克乙烯利溶液(挤去多余的溶液,避免水分下滴),在番茄果实顶部擦一下或揩一下即可。也可以蘸药液涂抹在果柄基部。经乙烯利处理的果实可提早6～8天成熟,且果实光泽鲜亮。

(2)浸果法 如果将进入催熟期的番茄果实采摘下来再催熟,可采用2 000毫克/千克乙烯利对果实进行喷施或浸果1分钟,再将番茄果实置于温暖处(22℃～25℃)催熟,但催熟的果实不如植株上的鲜艳。

(3)大田喷果法 对于一次性采收的加工番茄和早熟番茄,可以在生长后期大部分果实已转色但尚有一部分青果急需采收和上市时,可全株喷洒1 000毫克/千克乙烯利溶液,加速果实成熟。

(4)注意事项 应用乙烯利促进番茄早熟,要严格掌握乙烯利的浓度。如乙烯利浓度过高或果面留有水珠,则果实易脱落或果面被腐蚀,影响果实商品性。用乙烯利处理番茄果实后要保持适宜的温度,在低温条件下催熟效果不佳;温度过高,催熟后果实很快过熟变软,一般在夏季不使用。在番茄正常生长季节,不能用乙烯利喷施植株,防止抑制植株的生长发育而使枝、叶迅速转黄枯死。

52. 萘乙酸、赤霉素对番茄商品性有什么影响? 怎样使用?

萘乙酸和赤霉素两种激素对番茄的生长均具有促进作用,配合其他药剂使用,可以大大提高番茄的商品性。在防治番茄病毒病时加入20毫克/千克萘乙酸或喷钙时加入50毫克/千克萘乙酸,可增强植株耐病性和促进钙的吸收,减轻病毒危害和脐腐病的发生。在使用坐果灵保花保果时,在低温环境中,幼嫩的花朵对其浓度的高低很敏感,如浓度稍高或不注意而造成重复处理时,均会引起脐裂果,如果在坐果药液中加入 50 毫克/千克赤霉素,可加快果实膨大和减轻脐裂果发生。

53. 番茄坐果激素药害对番茄商品性有什么影响?怎样防治?

如番茄坐果激素用量过大、用法不当,常造成番茄激素药害。2,4-D 药害表现为叶片卷曲,类似病毒病症状,果实顶裂和出现乳突状,乳突顶部始终保持绿色。防落素药害表现为叶片变窄、向上卷曲僵硬,叶色深、叶脉粗重、发潮,为渐进式,区别于病毒病;在大棚中番茄表现为弱株叶片卷曲,点花越多,卷曲越重,叶色不变或加深,气温高、干燥,则药害的可能性大;喷花时不进行遮挡,有较多的药液洒落在叶片和茎秆上,再加上环境干燥、高温等,常发生药害。果实发生药害时顶部开裂,失去商品价值。药害的发生不仅与激素的使用浓度、不良的环境条件有关,还与前期使用矮壮素、助壮素、矮丰灵等有关。由于植株体内积累了很多激素,一旦再用激素点花,症状马上显现出来。发生药害的番茄叶面积大大增加,光合能力下降,果实膨大慢,易遭受日灼和转色不良,从而影响番茄的商品性。

番茄坐果激素药害的防治方法:中毒初期,加强肥水管理,改进施药方法,以减轻药害的进一步发展;或用康丰素 5 毫升对水 12.5 升喷洒,隔 4 天再喷 1 次(或改用生命一号再喷 1 次);或用 0.6%～0.8%糖水进行叶面喷洒解除药害,促进生长,提高产量。在防落素药害中后期,可用 2,4-D 5～7 毫升对水 12.5 升喷施,每隔 5～6 天喷 1 次,连喷 3～4 次;或用生命一号按要求喷施。

54. 雹灾对番茄商品性有什么影响？怎样预防和补救？

春露地番茄果实坐住后，在5～6月份都有可能遭受冰雹危害，轻者打烂叶子和砸伤果实，严重时会将枝秧打碎造成绝产。

冰雹的发生难以预测，具有很强的区域性，发生快，时间短，难以预防。生产上只能通过改善栽培条件进行预防和减轻冰雹的危害，其次是灾后补救。

(1)雹灾的预防 在设施栽培中利用阳光板作棚面，对冰雹具有一定的阻挡能力。在露地栽培中，采用人字架栽培，绑蔓时将花序扭向棚架内侧、适当多留叶片和抚养枝，可以避免或减轻小冰雹对番茄果实的危害。

(2)灾后补救 ①生长前期，即番茄第一、第二穗果实开花或坐果时遇到雹灾。一般轻度雹灾影响较小，中度雹灾叶片大部分被打碎，但仍有几枚半叶或碎叶，大部生长点被打折，有的只剩叶柄或侧芽。这样的雹灾过后，一般不要再翻种别的蔬菜，因此时季节已迟，除栽种速生菜外，番茄重新播种为时已晚。应在天晴后晒上2～3天，先粗中耕1次，土壤干爽后再细锄几次，尽量提高土壤温度，促进侧芽或根蘖萌发；在根部周围每667平方米撒施8～10千克尿素，灌小水，促使蘖芽尽快长大，待芽长到3～4厘米时，可去掉其他侧芽，保留1～2个侧芽做主秆，并继续多中耕划锄，加强管理，仍可获得较好的产量。②如结果期遇轻度雹灾，叶片稍有破碎，果实表面有少量小型雹伤，一般3～5天伤口会自然愈合，虽然商品外观会受到一定影响，但对产量和品质影响不大。如遇中度雹灾，叶片中度碎裂，果实有较大面积雹伤，晴天后加强管理，3～5天后轻伤果实如伤口愈合可以保留，有腐烂的果实应立即摘下清除出田间，防止其影响其他果实和植株的生长。对有生长点的植株可加强管理，多保留1～2个花穗摘心；无生长点的植株应培养

1～2个侧芽作主杆，加强管理，促进生长和结果，适当延长采收期，仍可获得一定的产量。

55. 涝灾对番茄商品性有什么影响？怎样预防和补救？

番茄根系呼吸旺盛，需氧量大，一般水淹24小时即会死亡。夏季高温期暴雨引起的涝灾常常导致番茄根腐、死棵、脐腐、烂果和裂果等，对番茄商品性生产影响极大。由于番茄在夏季高温条件下生长不良，遇暴雨后根系严重受损，吸水、吸肥能力下降，易导致植株缺水、果实缺钙而发生死棵和脐腐病，同时由于田间湿度大、温度高，很容易导致裂果和烂果。

对番茄涝灾的预防和补救方法是：①越夏番茄生产田周围一定要设置排水沟，以利于排水。②采用高畦栽培，畦高20厘米，以利于排水和保持番茄根基周围土壤的通透性或减轻淹水程度。③采用保护地避雨栽培。④暴雨过后及时排水，并用水井凉水浇灌，随灌随排，以降低地温，减轻高温、缺氧对根系的伤害。⑤及时清除叶面上的泥土，并喷洒58％甲霜灵锰锌可湿性粉剂500倍液和50％多菌灵可湿性粉剂600倍液，预防病害发生，同时在药液中加入促进生根的药剂。⑥及时进行浅中耕，以增强土壤透气性，加快恢复根系活性，及时追肥。

56. 旱灾对番茄商品性有什么影响？怎样预防？

一般番茄田都具有良好的水浇条件，单纯的干旱并不能给生产带来太大的影响。但是与干旱相伴随的长期强光照、高温、空气干燥（空气相对湿度在20％以下）、蚜虫和病毒病等的发生和危害，将严重威胁着番茄生产，常常造成减产甚至绝产。

在旱灾发生时，强烈的光照（高达12万勒，远远高于番茄的光饱和点）、高温和干燥的空气，将使番茄生长势衰弱，坐果困难，果实紧皮，膨大缓慢，果个小。在此情况下，小范围的浇水很难改善田间气候状况，遇蚜虫携带病毒迁飞为害时，很容易染病，产生条斑坏死，造成严重减产和绝产。

预防旱灾对番茄生产危害的方法：①采用塑料薄膜保护地栽培。塑料薄膜具有一定的保湿作用，能够增加保护地内的空气湿度，同时还具有一定的遮光作用。②用 40～50 目防虫网覆盖栽培，除了可防止昆虫传播病毒外，还具有一定的遮光保湿作用。③中午前后用遮阳网遮荫栽培，可防止强光对番茄的伤害。④设风障，防止干热风给番茄生长带来危害。⑤对大面积生产田及时浇水，增加田间湿度。在生产中常采用塑料薄膜、防虫网、遮阳网三重覆盖栽培，确保番茄增产增收。

57. 霜冻对番茄商品性有什么影响？怎样预防？

为使春季露地番茄及早上市，往往抢早定植。抢早定植要根据当地多年的经验和当年中长期气象预报，在通过终霜期时及早进行。例如，河南省郑州市南郊一般在 4 月 15 日前后定植，最早可提前到 4 月 5 日定植，最晚在 4 月中下旬定植。在提早定植、单层大棚覆盖栽培定植过早或在特殊年份等均会出现霜冻现象。轻霜冻一般对经锻炼好的强壮幼苗不会造成大的危害，但超过 5～6 个小时以上的 0℃低温，番茄的生长点和叶片将被冻坏，造成发枝困难，上市延迟，严重影响产量和效益。因此，应根据天气预报，提早做好番茄防霜冻准备。

预防番茄霜冻危害的方法，总的原则是加强保温，减轻地面热量大量辐射造成的低温霜冻。具体的做法是：①浇水法。当预报晚上出现霜冻时，可在下午浇一次足水，最好是浇稀粪水，利用水的热容量大和水气凝结时放出的热量可抗御 0℃的轻霜冻危害。

②覆盖法。霜冻一般发生在晴朗无风的夜间，可以用无纺布、塑料布等轻质材料浮盖在番茄植株上或在番茄田上部撑起高密度遮阳网，或在大棚内套小拱棚等，均可以防止轻霜冻对番茄的危害。③熏烟法。霜冻来临时，点燃草堆生烟，烟雾能使水气凝结，放出部分热量，还能隔离冷空气侵袭，一般0℃霜冻不会受害。

七、病虫害防治与番茄的商品性

1. 病虫害对番茄商品性有什么影响？防治原则是什么？

病虫害防治在番茄商品性生产中具有重要的作用，直接影响着番茄的商品性状、品质和产量，关系着番茄生产的成败。

病虫害防治的原则是：坚持“预防为主，综合防治”的方针，以农业防治为基础，配合物理防治、生物防治的方法，科学合理地进行化学农药防治，并严格农药使用浓度和施药次数，严格执行农药安全间隔期，杜绝使用中毒、高毒农药、高残留农药和盲目使用农药，以达到生产安全、优质番茄的目的。

2. 生理性病害对番茄商品性有什么影响？怎样防治？

生理性病害不是由于病原菌侵染引起的病害，主要由于环境的影响、营养不平衡、农药或激素使用不当、管理措施跟不上等导致的病害，常常表现为果实表面产生病斑、果实不能正常膨大生长、裂果、果实畸形、转色不良、果肉失水、黑心、食用品质下降等。用一般的杀菌剂和抗病毒制剂等对生理性病害不能起到很好的防治效果，当致病条件解除后，症状逐渐消失或重新转入正常生长。总的防治方法是，首先进行诊断，弄清楚引起病害发生的原因，然后有目的地调节和防治。

(1)连作障碍对番茄商品性的影响及防治　由于番茄生产对田间排灌条件和土壤肥力要求较高、集约化栽培程度高，因此菜田一般较固定，尤其是温室、大棚连年种植，易引起病虫害严重发生、土壤理化性质及根际微生物的改变，影响番茄植株的生长和果实商品性的正常形成。其防范的措施如下。

第一，土壤消毒。太阳光高温消毒，可参照前述的日光消毒法。

第二，保护地栽培定期迁棚，将棚迁至生茬地栽培。特别是近几年生产的简易商品棚搬迁容易。单坡面大棚一般 4～5 年后，后墙损坏，也可搬迁重建。如不能搬迁应进行适当换土，换土较费工，但效益高的温室可考虑采取此措施。如大棚建在山坡上，迁棚可由下而上迁移，这样可避免因流水、病株丢弃所造成的再污染。

第三，深翻地增施有机肥，选用抗病品种，实行无土栽培，定期更换品种，不用有病的作物秸秆沤肥。

第四，选择适宜的前茬作物进行轮作。番茄连作，或前茬是马铃薯、茄子、辣椒等茄科作物，对生长不利。这是因为同科同种作物需肥和吸肥特点基本相同，容易使土壤中某些营养元素缺乏、失调，土壤肥力下降；连作还易传播病毒病、青枯病和黄萎病等相同病害，造成减产。有人采用“早粉 2 号”品种做试验，连作的番茄晚疫病病情指数达 35.4%，与马铃薯连作则达 43.2%，与茄子连作达 15.1%，与茄科以外的蔬菜接茬为 4.2%，而与大田作物接茬仅为 0.6%。番茄的前茬最好是肥沃的大田作物，如花生、大豆、谷子、小麦等，以及葱、蒜、韭等“辣茬”蔬菜，其次是萝卜、大白菜、甘蓝、菜豆等。番茄一般应进行 3～4 年轮作，各地可根据不同情况，灵活运用。如粮区栽培，可以粮食作物为主，进行粮菜轮作。

第五，休闲。通过晒垡、种植绿肥养地，恢复地力。

(2)土壤酸性障碍对番茄商品性的影响及防治 土壤变酸有各种原因，主要原因是施用化肥过多。氮肥分解成硝酸、硝酸态氮等，虽然被番茄等吸收一部分，但其余全部残留在土壤中，因大棚等不受雨水冲刷而聚积起来，使土壤呈酸性反应。土壤过酸将抑制番茄对磷、钙的吸收，使果实品质变差并易产生脐腐病。番茄虽较耐酸，但酸度过大，障碍严重。

克服土壤酸性障碍的方法是少施含硫酸根、盐酸根的肥料，多施用硝铵、石灰氮等，如施用硫酸铵和氯化物肥料时应配合石灰施入。酸性土壤施石灰等碱性肥料可降低酸化。石灰的施用方法和施用量如前所述。

(3)保护地内盐分聚积障碍对番茄商品性的影响及防治 露地施用的肥料，一部分被作物吸收，其余多被雨水冲淋掉，很少残留在土壤中。然而大棚等设施内剩余的肥料全部聚积在土壤中，一些可溶性肥料如氯化钾、硝酸钙等溶于土壤溶液中，浓度过高会使根系周围渗透压增高，根部养分和水分外移，严重妨碍水分吸收，植株生长停顿、萎缩或死亡，果实生长缓慢或发生坏死斑。另外，土壤浓度过高，磷酸肥料被土壤吸收，不易溶解，造成缺磷。番茄育苗中土壤盐类电导度在 0.5～1 时生长良好，达 1.5 时影响发芽。

克服的方法：大棚施肥应适量，勤施、少施，特别是无机化肥要避免过量，一旦出现肥害、盐害和脐腐、筋腐等生理病害时，应灌水 2～3 次，把盐分冲走。

(4)保护地有毒气体障碍对番茄商品性的影响及防治 大棚中有害气体来源于薄膜、施肥不当、灌溉水及农药污染等，危害较大的有臭氧、氯气、氨气、亚硝酸气、乙烯等。有毒气体对番茄的直接危害多表现在叶片上，出现白色斑点、褐斑、干边、干枯、落叶等症状，进而影响番茄的正常膨大和成熟。其防治的方法是：不用有毒害的塑料薄膜，不施未腐熟的人粪、厩肥等，追肥最好用溶于水的液体肥料，要分次少施。大棚内每 667 平方米尿素用量达 20 千克，在不盖土或不浇水的情况下，1～2 小时能使植株死亡。在过量使用尿素和未腐熟鸡粪的情况下，一般在施后 10 多天后发生氨害。氨气达 5 毫克/千克就能造成危害，所以氨水和碳酸氢铵最好不在大棚内施用。施用硝酸铵过多，容易发生亚硝酸气中毒，一旦发现则应通风换气。有亚硝酸气体征兆时，可提高土壤 pH 值，如每 667 平方米施石灰 500 千克中和，具有一定的防治效果。大棚喷洒农药要小心谨慎，喷药后要加强通风。使用生长刺激素时更要小心，要严格按照使用说明操作。除草剂最好不在大棚内应用。

(5)二氧化硫毒害对番茄商品性的影响及防治　二氧化硫毒害主要发生在保护地内。用烧煤加热的温室、塑料棚及燃煤燃油的火力发电站附近最易发生。短期高浓度二氧化硫毒害的典型症状是：叶脉间产生坏死斑，叶肉细胞死亡，进而病斑扩大变薄、白干，严重时整个叶片死亡、果面被漂白、出现塌陷斑。如果大部叶片中毒白干，会导致植株死亡。受害轻微时，污染停止后会逐渐恢复生长。

防止二氧化硫毒害的方法：选用含硫少的优质煤；烟道要严密，设置合理；闻到二氧化硫气味要立即开窗通风，同时对烟道进行维修。当发现有中毒症状时，应立即采取措施制止危害，适当浇水。

(6)烟害对番茄商品性的影响及防治　烟害是为了防止保护地受低温冷害或霜冻，而用火炉或煤火加热时，由于烟道不畅或燃烧不完全产生的烟雾危害。烟雾中含有二氧化硫和一氧化碳等有害物质，可对番茄的叶片造成直接危害，进而影响番茄果实的生长和品种固有商品性状的形成。另外，如果防治病虫害的烟雾剂施用不当，如用量过大或番茄敏感、距离植株过近、释放的烟雾扩散不均匀、闭棚时间过长等都会造成局部或普遍烟害。

防治烟害方法：用火炉或煤火加热时选用优质无烟煤，及时清理烟道；当外界气压低时，应适量添煤，使其充分燃烧；使用烟雾剂时，一定要严格按照说明书操作，燃放点分布要均匀，用药量要适当，要及时通风换气。

(7)高温障碍对番茄商品性的影响及防治　高温将导致番茄授粉受精不良，果实发育不良，形成豆果或空洞果。高温障碍主要在塑料大棚、温室和越夏栽培的番茄中发生。当白天温度高于35℃,或40℃高温持续4小时,夜间高于20℃,就会引起高温障碍。高温障碍表现为番茄红素不能正常形成,转色不良,茎叶损伤,如叶色褪绿、叶缘烧焦或干枯,花小、花粉败育、受精困难、落花、果实发育不良等。

防治高温障碍的方法:选用耐热品种,喷水降温,通风降低叶面温度,用遮阳网遮荫等,降低田间和叶面温度;选择适宜的播期,使番茄成熟转色期避开一年中的高温季节;利用地理差异,在夏季高温季节利用高山上冷凉的气候条件进行番茄生产。

(8)低温障碍对番茄商品性的影响及防治 低温对番茄商品性的影响主要表现在分化畸形花,形成畸形花、果;在长期低温下,花芽分化期得不到足够的营养,分化的子房细胞数目少,从而影响果实膨大,果个小;果实着色缓慢、着色浅,长时间低于6℃,果实很难转色,失去商品价值。

防止低温障碍方法:番茄起源于热带,夜温低于15℃时常造成落花落果,气温低于13℃时不能正常坐果,气温在10℃以下时易发生冷害,长时间低于6℃植株死亡,果实遇－1℃会发生冻害。为此,栽培上第一要选用耐低温品种;第二,种子萌动期在0℃～3℃条件下进行5～6小时低温锻炼,以提高抗寒性;第三,低温期注意保温,必要时进行临时加温;第四,分苗和定植期新根还没有长出,对低温的抵抗力差,因此应选择温暖的晴天进行,以利于根系恢复生长;第五,幼苗出土后至真叶发生前(子苗期)进行低温锻炼,防止下胚轴徒长;定植前15天进行低温锻炼,以便更好地适应新的生长环境。

(9)日灼对番茄商品性的影响及防治 如番茄果实直接暴露在太阳光下,无枝叶遮挡,果面受强烈日光照射,果皮温度将急剧上升,水分大量散失,果肉被烫伤,果皮受伤而变薄透亮,逐渐变成黄褐色或黄白色坏死斑,受伤部位皱缩干硬、凹陷,雨后或受潮后易感染霉菌而腐烂，失去商品价值。日灼从初夏至秋季均可发生。

防止日灼的方法：露地栽培时选用叶量大的品种；打顶摘心时留 2 片真叶覆盖顶部果实；稀叶品种要适当密植，或与高秧蔬菜进行间作，或留抚养枝增加叶量遮荫护果；绑蔓时有意将果穗扭向架内，让叶片遮挡阳光，防止日灼；番茄进入采收期打掉下部老叶、病叶时，要注意选留适量的叶片为果实遮荫，以免强光灼伤果实，在露地生产条件下尤其应该注意防止日灼。高温时喷洒 0.1%硫酸锌或硫酸铜；果实幼小时喷洒助壮素 2 000～4 000 倍液或浇灌矮壮素 2 000 倍液，以提高植株抗热性，增强果皮韧度，减少日灼。

(10)裂果的发生和防治 裂果有射裂、环裂和皲裂 3 种。射裂是指以果蒂为中心向外扩展呈放射状的裂沟，多发生在高温期，与品种关系比较密切；环裂是指围绕果蒂出现的环状裂沟或纵横条状深裂，严重者果浆外露，与环境湿度、水分管理关系比较密切；皲裂只是果实表皮呈现很细、很浅的环状开裂，数量较多，多发生在果实肩部，果面干燥时裂口愈合，呈深褐色、粗糙。裂果多发生在果实变色期。裂果不能运输和贮藏，易感病腐烂，严重降低果实的商品价值。在露地和保护地栽培条件下，如浇水不当、降雨和棚内湿度过大等常造成裂果。

防治裂果的方法：选用果皮厚、韧的抗裂品种；通过遮荫，降低田间温度，防止高温引起的射裂；采用高畦栽培，增施有机肥料，增强番茄抗逆性；生产上要注意均匀浇水，小水勤浇，防止土壤骤干骤湿；同时注意收听天气预报，暴雨前要适当浇水，这样即便暴雨后也不会造成大量裂果；暴雨前将快要转色的果实提前采收，可避免裂果；保护地栽培时，采收果实后再浇水；于晴天上午浇水，浇水后注意田间通风排湿，避免田间长期结露引起裂果；保持适宜的昼夜温差，防止夜温过低造成露水过重引起的裂果（主要是皲裂）；适当摘除果穗下部的叶片和果实周围的部分叶片，保持果实周围通风透光，可减少皲裂；用地膜、麦秸等对地面进行覆盖，降低田间湿度，减少裂果；用 15 毫克/千克吲哚乙酸或赤霉素、30 毫克/千克萘乙酸或 8 毫克/千克细胞激动素以及其混合液等在花瓣脱落后、果实膨大期每周喷洒 1 次，可协调植株的营养生长和生殖生长，提高果皮活性，减少裂果；喷洒 0.1%硫酸铜、0.1%硫酸锌或 0.2%氯化钙增强抗裂性。

(11)筋腐病对番茄商品性的影响及防治 筋腐病主要危害果实，近年来全国各地普遍发生。其表现形式有两种：一种是褐变筋腐型，透过表皮可看到内部维管束变褐，多数果皮果肉硬化，呈条腐状；有的果实胎座、隔膜也变成褐色，形成乌心果，果面相应部分不转色，完全失去商品价值。另一种是白变筋腐型，多发生在果皮组织上，果肉呈白色糠心，不着色，较硬。一般在果实膨大期发生。如种植过密、田间郁闭、通风透光性差；氮肥过多，特别是铵态氮过多，植株徒长；或植物体内缺钾等，该病害发生严重。发病原因是不良的生长环境条件导致植物体内碳水化合物不足、碳氮比降低和新陈代谢失调。

防治筋腐病的方法：一是选用耐病品种。一般耐病毒病的品种多数也耐筋腐病。保护地栽培选叶量少而抗病毒病的品种。二是保持植株良好的见光条件，实行合理密植，当植株徒长或叶量过茂时，适当摘叶；保护地栽培要经常清扫棚膜。三是避免过量施用氮肥，注意增施钾肥；生长期定期喷洒磷酸二氢钾，以促进光合产物向果实运转。四是保护地栽培要避免高夜温，减少养分消耗。五是发现有筋腐果时可在叶面喷洒柠檬酸钾或糖液，以提高叶片中糖的含量，增大碳氮比，缓解症状。

(12)脐腐果的发生及防治 果实膨大前期发病较多。发病初期果实脐部附近呈水浸状，而后变褐、凹陷，呈黑褐色斑块或硬化状态的“黑疔”，故又称顶腐病、黑膏药病。脐腐的果实转色快，比一般果实可早红熟 5～6 天，但无商品价值。该病主要是缺钙造成。当每 100 克果实中钙含量低于 4 毫克时，就会发生此病。果实中的钙是根系从土壤中吸收的，当土壤中缺钙、土壤干旱、根系死亡、土壤偏酸性、土壤溶液浓度过高或养分不平衡时，将抑制根系对钙的吸收，导致缺钙而发生脐腐病。

防治脐腐病的方法：选抗病抗逆性强的品种；结果初期及时浇水，避免土壤过干；夏季注意土壤覆盖降温；雨后及时排水，并用井凉水浇灌，随灌随排，防止根系因高温、缺氧而死亡；施用化肥要适量，防止一次施肥过量烧根，或长期大量施用引起土壤次生盐碱化，不利于根系吸收；若施肥量大，需多浇水；增施有机肥，改善土壤理化性质，减少盐类在土壤表层的聚集；平衡施肥，防止由于某种营养元素的过量抑制对钙的吸收。缺钙较重的地块每667平方米可撒100千克新粉碎的生石灰，中和土壤酸度，同时兼具杀菌作用，但不可经常撒。果实坐住后，需钙量开始增多，在缺钙较重的地块可用0.4%～0.5%氯化钙、1%过磷酸钙浸出液、0.1%硝酸钙或爱多收6000倍液于开花坐果期喷洒，每隔15天喷1次，连喷2次，可有效地预防脐腐病。

(13)空洞果的发生和防治 主要表现为果实的胎座发育不充分、缺乏胶汁，果皮与胎座分离；从外表上看果实带棱、不充实、重量轻，食时味淡无汁，甚至无酸味、品质差，商品价值降低。该病发生原因：一是果实膨大期营养供应不足，当下部果实大量坐住后，上部果实营养不足而形成空洞果；二是夜温过高，如夜温达20℃以上，白天叶片制造的养分大部分被植株夜间呼吸消耗，果实营养不良，诱发空洞果；三是激素使用过早，未开放的花器官组织尚嫩，当受到激素刺激后，果皮发育过快，抑制了胎座的发育，特别是营养不足时发生重；四是白天温度超过33℃，雌花受精不良，也易产生空洞果；五是长期阴天，光照不足，番茄果实养分积累不够，再加上夜温高，消耗大，更易形成空洞果。

防治空洞果的方法：选用花蕾不易脱落的和根系发育好的苗；在果实进入膨大期后，及时浇水追肥，增施钾肥，促进养分向果实运转；人为创造适合番茄果实生长发育的环境条件，促进果实发育；合理使用激素。当温度低于15℃或高于33℃时要及时用适宜浓度的激素保花保果，适宜处理的花朵为盛开的花朵或即将开放的花朵，施用激素后合理追肥、适当疏花疏果；满足果实快速生长对养分的需要；冬季棚室栽培长期阴天应注意白天补光、增温，夜间保持适宜的低温；或当光照弱时，降低棚室温度，减少养分消耗。春露地和越夏栽培后期雨水多，养分流失和下渗严重，应加大施肥量，增加追肥次数。适当疏花疏果，调节植株营养和生殖生长平衡，使果实得到足够的营养而充分发育。

(14)畸形果的发生及防治 相对于圆整果而言，果形表现为歪果，指突果、棱沟明显的果、大疤果、开窗果、果洼过大过深的果和尖顶果等统称为畸形果。这类果实虽能正常红熟、品质正常，但由于果实外观差，严重影响了商品价值。畸形果的产生主要与花芽分化期、开花坐果期和果实膨大期的环境条件有关，与坐果激素的使用浓度、使用时的温度和使用次数以及病虫危害等有关。花芽分化期温度过低、土壤过干、过湿或花芽分化期氮肥或磷肥过剩等，均能导致花芽分化异常，形成畸形花，开花后果实生长不匀而出现畸形果。特别是幼苗2～4片真叶后，进入花芽分化期，如土壤过干或温度过低，而影响花芽形成的质量，易产生畸形子房。

防治畸形果的方法：选择耐低温、畸形果发生率低的品种；适期分苗；幼苗进入花芽分化期后，加强田间管理，促进根系发育和增强吸收能力；创造适宜番茄进行花芽分化的环境条件（幼苗长到2～4片叶时，通过适当控制水分进行蹲苗，苗床气温白天保持在24℃～25℃，夜间15℃，昼夜温差10℃左右，地温18℃～20℃），避免低夜温对花芽分化和果实膨大的影响；均衡施肥，避免过量单一施用氮肥、磷肥和钾肥，满足番茄花芽分化所需的各种营养；发现土壤缺钙时，及时喷淋美林高钙300倍液或惠满丰500倍液，或促丰保多元复合叶肥Ⅱ700倍液，或绿风95植物生长调节剂

600～700 倍液，每隔 10 天喷 1 次，喷 2～3 次；严格控制激素使用浓度；避免重复处理花朵和温度过高(30℃以上)、过低(20℃以下)时处理花朵；不处理未开放花蕾；加强病虫害防治，如茶黄螨和番茄黄化曲叶病毒病危害后的番茄更容易产生畸形果。

(15)卷叶对番茄商品性的影响及防治 近年来，番茄卷叶在栽培中普遍发生，卷叶后番茄果实暴露在强光下，容易引起日灼病和转色不良。番茄卷叶后，光合能力下降，影响果实养分的积累，导致品质下降。引起卷叶的原因有病理性卷叶、生理性卷叶和药害。病理性卷叶主要由病毒病引起；生理卷叶主要由于摘心过度和果实膨大期因干旱、涝灾、环境条件巨变等引起；激素使用不当卷叶则由于坐果激素喷洒或滴落在叶片上，或使用时温度过高，或空气干燥，番茄生长期中使用的激素种类过多等原因引起。

防治卷叶的方法：选用抗病毒病品种；加强病虫害防治；加强田间管理；正确使用激素；合理补充微量元素。

(16)豆果的发生及防治 果实坐住后基本不发育，小如豆粒，大如拇指，僵化无籽的小老果实等，统称豆果。豆果产生的原因主要是温度过高或过低，授粉受精不良、养分供应不足等。早春栽培时的第一穗果、夏秋季高温期栽培和严冬温室栽培等，最易产生豆果。

防治豆果方法：选择抗逆性强、在不良环境下仍能正常受精坐果的杂交种；加强苗床和田间温度、光照和湿度管理，改善栽培环境，培育壮苗、促进植株健壮生长，增强抗逆性，减少豆果发生；用坐果激素处理花朵，促使结实和果实膨大；用振荡器进行人工辅助授粉，促进正常受精结实；加强水肥管理，增施磷、钾肥，促进养分向果实运转，减少豆果发生。

(17)番茄茶色果和绿背果的发生及防治 茶色果是指果实成熟转色时，果面出现黄色或茶褐色的污斑的果实。茶色果将使品质下降，影响果实的商品性。茶色果发生的原因主要与番茄转色期氮肥施用过多、气温低，影响了胡萝卜素和番茄红素的形成有关。绿背果是指果实成熟后，近萼片的一端仍呈现黄绿色或青绿色，果肉变硬，果肉酸，品质差，导致商品性下降的果实。绿背果发生的原因主要是夏季阳光直射，果实温度过高，从而抑制了果肩部位茄红素的形成，或偏施氮肥，缺少钾肥和硼肥、土壤干燥等造成。

防治番茄茶色果和绿背果的方法：选择着色好的优良品种；加强肥水管理，合理施肥，增施充分腐熟的有机肥，氮、磷、钾肥配合使用，同时配合施用含硼的微量元素肥料；适时适量浇水，防止土壤过干或过湿；在果实成熟期加强温度调控，增强光照，白天温度控制在25℃～30℃；用1.8%爱多收6 000倍液或云大-120植物生长调节剂3 000～4 000倍液作叶面喷洒，每10～15天喷1次，连喷2～3次，以增强植株抗性，减少病害发生。

(18)番茄网状纹果的发生及防治 果皮极薄，从表皮外能看到果肉内的网状组织，胎座不发育或发育迟缓；果面有棱；果实虽可成熟，但极薄的果皮处转色不良，果浆始终为绿色，品质低劣，失去商品价值。网状纹果多发生在高温栽培时期，植株生长势弱，或高温缺水、定植老龄苗或根系发育不良时容易发生。

防治网状纹果发生的方法：选用耐高温的品种；高温季节勤浇夜水，以降低夜温；保护地加强通风，高温期注意遮荫降温；培育壮苗，适时移栽，加强田间管理，促进根系发育，增强吸收能力。

(19)番茄花脸果的发生及防治 番茄果面黄、红相间，严重降低商品价值。其发生的原因主要是：光照过强或过弱影响转色；生长发育前期生长过旺(叶量大)、土壤干旱或根系活力差，遇高温蒸腾量大时，根系吸收供应水分和养分不足，导致果实转色不良；黄萎病、烟草花叶病毒病和番茄黄化曲叶病毒病等也会造成果实花脸。

防治番茄花脸果的方法：选抗病品种；增施有机肥，控制氮肥用量，预防徒长，促进根系发育；增施硼、钾肥；加强田间水肥管理和病虫害防治。在番茄转色期将夜间温度控制在13℃～17℃，白天温度控制在25℃～30℃，避免高于32℃和低于8℃；及时预防黄萎病和花叶病毒病等。

(20)氮素缺乏对番茄商品性状的影响及防治 氮是蛋白质、氨基酸的重要组成部分，对果实发育有重要作用。氮肥对番茄产量的贡献最大，氮肥缺乏，果实小，商品价值降低。番茄对氮素的吸收，以硝态氮为好，但铵态氮过量，将使番茄生长发育不良。在番茄的各生育期中，对氮肥的吸收量有差别：幼苗期对氮肥的吸收量占整个生育期的10%，开花结果期占40%，结果期占50%，即在第一穗果实进入膨大期前，植株对氮肥的吸收逐渐增加，至盛果期达到高峰。幼苗期缺氮，生长缓慢，花芽分化少，茎细叶小，叶片薄而叶色淡绿，营养生长受抑制；开花结果期缺氮，根系发育不良，易落花落果，果实膨大慢，果个小，畸形果多，下部功能叶片易黄化脱落，使植株早衰，结果期缩短。低温期施肥以硝态氮为好。

防治番茄氮素缺乏症的方法：生产上常用的氮素肥料有尿素（有机氮肥，硝化菌分解后番茄才能利用）、碳酸氢铵、硝酸铵、硝酸钾、硝酸钙、磷酸二铵、硫酸铵、复合肥以及腐熟的人畜粪尿、腐熟有机肥、生物有机肥、氨基酸肥料等。首先要施足有机底肥，一般每667平方米施腐熟鸡粪5 000千克，贫瘠的土地施用量更高；埂施磷酸二铵20～30千克，或尿素8～10千克或氮磷钾三元素复合肥40～50千克。生长期中及时追施提苗肥、膨果肥和盛果肥等。发现缺素时可随水冲施、穴施或叶面喷施尿素、碳酸氢铵溶液，喷施浓度分别为0.3%～0.5%、0.2%。不宜单独过量追施氮肥，以免造成茎叶徒长和破坏营养平衡，引起生理性病害发生，导致果实发育不良。

(21)缺磷对番茄商品性状的影响及防治 磷是细胞核的重要组成物质，对番茄根系发育、花芽分化具有促进作用，可提早开花结果，加速果实生长，改善果实品质和促进成熟等。番茄对磷的需要量虽然不多，但对磷缺乏表现最敏感。番茄吸收磷的能力较弱，低温下吸收更差。番茄对磷的吸收以生长前期最多，约占全生育期的90%，此期缺磷将严重影响花芽分化和发育，最终导致果实发育异常或发育迟缓以及后期产量的形成。在开花结果期缺磷时，不仅会降低果实的品质，还会影响产量。缺磷还影响植株对氮肥的吸收，使植株弱小。

防治番茄缺磷症的方法：生产上常用的磷肥有磷酸二氢钾、磷酸二铵、过磷酸钙、钙镁磷肥、复合肥以及饼肥等。磷肥的移动性弱，容易被土壤固定，多作基肥撒施、条施或穴施。用过磷酸钙作基肥，一般每年每667平方米施50千克；用磷酸二铵作基肥，一般每667平方米施20～30千克，或施三元复合肥40～50千克。磷酸二氢钾多用作叶面追肥或配制营养液，发现缺素时及时进行叶面喷洒，一般浓度为0.3%。

(22)缺钾对番茄商品性状的影响及防治 钾在番茄的细胞代谢过程中起调节作用，是番茄需要量最多的元素。钾素在植株体内起促进氨基酸、蛋白质和碳水化合物合成和运转的作用，对增强植株抗寒力、促进结实、提高果实品质、增进果实着色、延缓植株衰老、延长结果期等具有良好的作用。缺钾将导致番茄抗性下降，诱发白变筋腐病发生。多氮、缺钾、高湿易诱发筋腐果、空洞果。果实迅速膨大期对钾的需求量大。生产上常用的钾素肥料主要有硫酸钾、氯化钾、磷酸二氢钾、硝酸钾、复合肥、生物钾肥和草木灰等。用硫酸钾作基肥时一般作埂施，每667平方米施20千克，或施三元复合肥40～50千克。进入结果期后，要及时追施钾肥。番茄对钾的吸收率较高，但一次施肥量不宜偏大。一般每次每667平方米追施硫酸钾、氯化钾15～20千克，三元复合肥20～30千克。磷酸二氢钾、硫酸钾和草木灰浸出液均可用作叶面追肥。

(23)缺硼对番茄商品性状的影响及防治 硼是促进细胞正常生长与分裂的元素，是维持细胞壁构造及机能所不可缺少的。番茄属需硼中量的作物。土壤酸化，硼素被淋失或石灰施用过量均易引起缺硼。缺硼时，所结果实多褶皱，果重轻，种子周围的果胶发育不全，有时胎座变黑(即黑心果)，有的品种果肩部有木栓状锈斑，将严重影响果实的商品性。

防治番茄缺硼症的方法：多施有机肥；调节土壤的 pH 为中性，避免 pH 过高或过低引起根系对硼的吸收困难和流失；加强田间管理，避免过度缺水；平衡施肥，促进根系对硼的吸收。通过土壤测定发现缺硼时，可以基施或叶面追施硼肥。一般每 667 平方米可基施硼砂 0.5～1 千克；叶面追肥时，可在苗期和开花结果期叶面各喷洒 1 次 0.3%～0.5%硼砂溶液。番茄出现缺硼症状时可每 5～7 天喷 1 次 0.3%～0.5%硼砂溶液，共喷 2～3 次。

(24)缺钙对番茄商品性状的影响及防治　钙是细胞质膜和细胞壁的重要组成部分。氮肥、钾肥和镁肥施用过量、土壤干旱、土壤溶液浓度过高、空气湿度小引起的水分蒸发过快、夏季暴雨引发涝灾导致的根系死亡以及缺钙的酸性土都可能引起番茄缺钙。缺钙引起番茄脐腐病，将丧失商品价值。

防治番茄缺钙的方法：首先查明缺钙的原因，有针对性地施肥；增施腐熟有机肥，改良土壤结构，促进根系发育；采用地膜覆盖栽培，保持土壤水分的相对稳定性，减少钙的流失；避免氮、钾、镁肥过量施用；增施钙肥。生产上常用的钙肥主要有过磷酸钙、钙镁磷肥、氯化钙、石灰氮、生石灰、中微量元素叶面肥等。过磷酸钙、钙镁磷肥多作基肥，一般每茬每 667 平方米施 40～50 千克；或整地前每 667 平方米施石灰氮 70～80 千克、生石灰 40～80 千克(沙土用量适当减少，用作改土时每 667 平方米施 150 千克)，兼具改土和土壤杀菌消毒作用；生长期发现缺钙时，用 0.3%氯化钙或 1%～1.5%过磷酸钙浸出液进行叶面追肥，每 3～4 天喷 1 次，连续喷洒 3～4 次。

(25)缺镁对番茄商品性状的影响及防治　镁能促进呼吸和核

酸、蛋白质的合成，促进糖和脂肪的合成，有利于营养物质由老叶向新叶及幼嫩器官的转移。土壤缺镁、施钾过多或酸性和含钙较多的土壤，以及低温尤其是低土温将影响对磷、镁的吸收，常常导致缺镁症发生。缺镁会导致番茄果实品质下降、膨果慢、果个小。

防治番茄缺镁的方法：施用充分腐熟的有机肥；用生石灰调节土壤的酸碱性呈中性；加强田间管理，提高地温；进行测土配方施肥。生产上常用的镁肥主要有钙镁磷肥、硫酸镁等，前者多作基肥。在番茄生长期发现有缺镁症状时，每隔2天叶面喷洒1%～2%硫酸镁溶液1次，每周喷3～4次效果明显。

(26)缺铜、铁、锰、锌、钼、硫等微中量元素对番茄商品性状的影响及防治　在番茄的生育期中缺乏任何一种元素都会对果实的生长发育产生影响，最终影响番茄的商品性。番茄是对铜敏感的作物，缺铜时叶片失绿黄化；番茄也是对铁敏感的作物，缺铁时叶片表现浅黄色或失绿，严重时出现坏死斑；番茄对缺锰敏感，表现幼叶失绿，其他叶片叶脉间失绿，后期黄斑处出现坏死；番茄缺锌时常发生小叶病，生长缓慢或停滞(磷肥施用过量也易导致缺锌)；番茄缺钼时影响氮肥的利用，导致代谢紊乱，生长受阻；番茄缺硫时生长代谢紊乱，营养物质合成少，中上部叶色浅绿至黄色，向下卷曲，后新叶枯死、结果少，膨大慢。番茄这些生长异常的表现，对果实的正常生长都将产生很大的影响。

防治番茄缺素的方法：增施有机肥，平衡施肥；进行测土配方施肥。施肥方法多采用拌种、基施和叶面追施。一般基施硫酸铜时，每3～5年施1次，每667平方米施1～1.5千克；根据土壤缺素状况每667平方米施硫酸亚铁5～10千克、硫酸锰1～1.5千克；每3年施1次硫酸锌，每667平方米1～1.5千克；每5～6年施1次钼酸铵，每667平方米施0.1千克；番茄生产中多施用含硫的大量元素肥料，一般不需要单独施用。如果生长期发现有缺素现象，可进行叶面喷洒追肥；最好在缺素症状发生前进行喷洒。可喷洒复合微量元素肥料，也可根据缺素情况有针对性地进行叶面追肥，可叶面喷洒0.03%～0.05%硫酸铜。番茄生长中前期叶面喷洒0.3%硫酸亚铁（绿矾），或0.1%～0.2%硫酸锰，或0.2%～0.3%硫酸锌，或在蕾期和盛花期喷洒0.02%～0.05%钼酸铵等。由于这些微量元素在番茄内的移动性差，须连续喷洒2次以上，间隔期为7天左右。注意喷洒微量元素肥料时，要均匀地喷洒到叶的正反两面。为减少药液蒸发，提高利用率，喷洒应在无风天气的上午10时前或下午4时后进行，遇雨时要重喷。

3. 真菌性病害对番茄商品性有什么影响？怎样防治？

（1）晚疫病对番茄商品的影响及防治 果实感染晚疫病，在青果上先出现水渍状不规则暗绿色斑块，以后病斑变大，边缘呈云纹状，病斑呈不规则棕褐色云纹状，轻微凹陷、坚硬，潮湿时表面生白霉。病果不易落地，落地后，在高湿条件下，密生大量白霉，使果实失去商品价值。保护地和露地均可发生该病，传播蔓延快，如防治不及时很容易导致绝产。

①发病规律 成株多由下部叶片先发病，最初叶背呈水浸状，很快变成褐色病斑，潮湿时病斑边缘可见明显的白霉，病斑较大，导致叶片腐烂枯死。茎部生病由叶片、叶柄扩展发生，严重者绕茎一周；病斑褐色转黑色，也有白霉，容易从病斑处折断。病菌以菌丝体随病残体或马铃薯越冬，也可在温室番茄植株上越冬。降雨或浇水时使病菌从地面溅到植株上，成为发病中心。低温高湿有利于发病，借风雨传播危害。多雨季节和叶片长期结露，此病扩展迅猛。空气相对湿度为95%，温度为10℃～22℃，只要叶片上有水膜存在，病菌孢子即可很快萌发侵入植株。尤其在多雨潮湿季节或低洼地，当发生中心病株但没有及时采取防治措施时，将造成病害蔓延，导致毁灭性绝产。

②*防治方法* 与非茄科作物实行3年以上的轮作；在大棚等保护地栽培要实行大小行栽植，不要过度密植，以有利于通风透光；加强保护地通风管理，降低空气和地面湿度。从苗期开始注意田间病情调查，发现个别病苗、病叶，要随时拔出摘掉、摘除并销毁，以免扩大蔓延。露水未干时人员最好不要进入田间，防止人为传播。露地栽培时，雨后要及时排水，防止田间积水以及局部积水。当田间发现病情或雨后出现有利于病害发生的气候环境时，应及时进行药剂防治。在雨季可用1∶1∶150倍波尔多液预防；首选药剂为25%瑞毒霉800倍液，或用64%杀毒矾可湿性粉剂400倍液，或72%克露600倍液，或72%霜脲锰锌800倍液，或40%乙磷铝（疫霜灵、疫霉灵）200倍液，或克菌丹400倍液，或65%代森锌500倍液喷洒，每隔7～10天喷1次，共喷2～3次，防治时要兼顾地面杀菌。

(2)早疫病对番茄商品的影响及防治 果实染病，多发生在果蒂周围，病斑暗褐色、凹陷、有裂缝，严重时有同心轮纹和黑霉，果实提早变红，失去商品价值。该病露地、保护地均有发生。夏季发生普遍。

①*发病规律* 病菌以菌丝体、分生孢子等随病残体在田间越冬，种子也可带菌传染。通过气流、雨水传播，从气孔、伤口或直接侵入植株。在高温季节雨后潮湿时发病严重。适宜发病温度为26℃～28℃，最宜空气相对湿度为80%以上。春保护地内浇水多、通风不良和雨季发病重，叶片由下向上逐渐枯死。

②*防治方法* 与非茄科作物实行3年以上轮作；增施有机肥和钾肥，提高植株耐病力；播种前用55℃热水烫种；夏秋季节苗期用70%代森锰锌、多菌灵或1∶1∶150波尔多液防病，避免将病害带至大田。大棚内注意通风排湿；该病药剂防治效果好，可用50%扑海因可湿性粉剂800～1 000倍液，或40%灭菌丹可湿性粉剂400倍液，或50%代森锰锌可湿性粉剂500倍液，或50%百菌

清可湿性粉剂 450 倍液进行防治。以上药剂要在发病前无病斑时每 10～12 天喷一次，交替使用更好，防效达 70%，而发病后喷，防效只达 50%。发病严重的植株可用 60 倍硫酸铜溶液涂病叶、病果柄，用扑海因、代森锰锌可湿性粉剂涂病斑。大棚内可每 7～10 天用百菌清或百速烟剂熏蒸 1 次。

(3)灰霉病对番茄商品性的影响及防治 果实感病，以青果期发病最重。多先侵染残留的花或柱头、萼片，然后向果实或果柄发展，导致果皮变成灰白色、软腐，侵染处(蒂部)产生厚厚的灰色霉层，果实间相互传播。有发病中心，借孢子弹射和田间操作活动传播，在高湿无风的田间迅速蔓延。主要在保护地内发生，多阴雨的早春和晚秋露地也经常发生。

①*发病规律* 病菌以菌核残留在土壤中越冬，以菌丝或分生孢子在病残体上越冬，分生孢子随气流及雨水传播蔓延。高湿环境极易发病，发育适温为 20℃～23℃，最高 31℃，最低 2℃。保护地栽培如密度过大、氮肥过多及徒长、通风不及时等易发病。花期是该病侵染高峰，染病植株在果实膨大期浇水后，病果剧增。

②*防治方法* 总的防治策略是：降低环境湿度，在开花期、果实膨大期浇水前用药防治。合理密植，适当控水，防止徒长。冬季棚室上午少通风，使棚温尽快上升，延长植株光合作用时间，增强抗病力。当棚温升至 30℃左右时通风，下午延长通风时间。当太阳照不到棚面时关闭风口。春季夜间塑料薄膜可不合严，只盖草苫，夜间仍可排湿。选择晴天上午浇水。冬季栽培最好采用膜下浇水，一次浇水量不宜过大。浇后加强通风。发现病源及时摘除。发现病果、病叶等时，等露水干后进地，轻轻将其摘下放入塑料袋中带出田间，集中烧毁或深埋，防止传播危害。

花期防病：用坐果激素处理花朵时，可加入 0.1%腐霉利、0.2%～0.3%的 65%甲霉灵或 50%多霉灵喷花。也可直接用保果灵 1 号、2 号喷花。几种方法可交替使用。坐果后，及时摘除残留的花瓣和柱头。

药剂防治:用65%甲霉灵800倍液和嘧霉胺800倍液交替使用;使用0.3%甲霉灵喷花的,可用利得和嘧霉胺轮换防治;或用50%多腐可湿性粉剂800倍液喷洒防治。冬季在保护地内最好用速克灵、扑海因、百速烟剂或农利灵等烟熏剂熏蒸。

(4)菌核病对番茄商品性的影响及防治 该病在早春或秋保护地内容易发生和流行。该病侵染番茄果实始于果柄,并向果面蔓延,致未成熟果实似水烫过,后病部变硬,大量的菌丝形成菌核,菌核外生在果实上,大小为1～5毫米,使果实不能正常成熟,失去商品价值。该病害也侵染果柄、叶片和茎。花托上病斑呈环状,包围果柄周围;叶片染病,从叶缘开始,初呈水浸状,蔓延速度快,致叶枯死,呈灰褐色。茎染病多由果柄基部侵入,病斑灰白色稍凹陷,后期表皮纵裂。

①发病规律 菌核在土中或混在种子中越冬或越夏,能在土中存活1～3年。菌核萌发适温为15℃,在50℃下5分钟致死。菌核萌发后形成子囊盘,放射出子囊孢子,借风雨、随种苗或病残体传播蔓延。子囊孢子萌发和菌丝侵染的温度范围为0℃～35℃,5℃～10℃最适孢子萌发,20℃菌丝侵染力强。空气相对湿度高于85%时,有利于孢子萌发和菌丝侵染。

②防治方法 与非茄科作物轮作;深翻使菌核深埋不能萌发;及时清除田间杂草、进行地膜覆盖;加强田间通风透光,降低湿度、用无病土培育无病苗。定植前每667平方米用40%五氯硝基苯1千克进行土壤消毒。发病初期进行药剂防治,用40%菌核净可湿性粉剂1 000倍液,或50%乙烯菌核利可湿性粉剂1 000～1 500倍液,或65%甲霉灵可湿性粉剂600倍液,或50%多菌灵可湿性粉剂800倍液,或50%扑海因可湿性粉剂1 000倍液,或50%腐霉利可湿性粉剂1 500倍液喷雾或灌根。每7～10天进行1次,连续防治3～4次。在保护地内可采用烟雾法或粉尘法防治,即发病初

期每667平方米用10%腐霉利烟剂250～300克，下午封闭通风口后点燃熏一夜，每7～9天熏1次。或用5%百菌清粉尘或10%灭克粉尘于傍晚喷撒，每667平方米喷1千克。

(5)叶霉病对番茄商品性的影响及防治 该病主要危害叶片，也危害果实。果实发病，病斑从蒂部发生，出现圆形黄褐色病斑，后期凹陷、质硬。在温室和塑料大棚中发病较重。

①*发病规律* 此病分生孢子借气流传播。病菌以菌丝体在病残体上越冬，也可发生孢子附着在种皮上。在9℃～34℃均可发生，最适温度为20℃～26℃。高湿是发病的重要因素，空气相对湿度在85%以上，从侵染到发病约需2周。通风不良的苗畦、温室、大棚发病较重。

②*防治方法* 选用抗病品种是最行之有效的防治措施之一。播前用55℃热水浸种消毒，杀死病菌。选无病株留种。注意调节大棚和温室内温、湿度，注意通风排湿。大棚和温室在定植前，每100平方米用硫磺粉0.1～0.2千克和锯末0.5千克混合后，闭棚点燃熏蒸，可杀死附着在棚室内壁上的病菌。发生病害后须进行药剂防治。可用50%扑海因可湿性粉剂1 500倍液，或70%甲基托布津可湿性粉剂800倍液，或农抗BO-10乳油250～300倍液，或47%加瑞农可湿性粉剂200～300倍液，或50%多菌灵可湿性粉剂500～800倍液，或75%百菌清可湿性粉剂600～800倍液，或1∶1∶200倍波尔多液，每7～10天喷1次，交替喷洒，有显著防效。保护地内发病，可用百菌清或百速烟剂熏蒸。

(6)绵疫病对番茄商品性的影响及防治 该病主要危害未成熟的果实。该病又称番茄褐色腐败病，引起落果。首先在近果柄处或肩部出现表面光滑的淡褐色斑，有时长有少许白霉，后逐渐形成同心轮纹状斑，渐变为深褐色，皮下果肉也变褐。湿度大时，病斑上长出白霉状物，病果多保持原状，不软化，易脱落，使果实失去商品价值。

①*发病规律* 该病病菌以卵孢子或厚垣孢子随病残体在土壤中越冬，翌年借雨水溅到近地面的果实上，侵染发病。通过雨水和灌溉水进行传播再侵染。病菌发育温度为8℃～10℃，30℃最适宜。空气相对湿度高于95%时，菌丝发育良好，侵染力强。高温多雨季节或低洼、土质黏重地块发病重，发病速度快。

②*防治方法* 选择3年以上没有种植过番茄、茄子、辣椒、土豆等茄科作物蔬菜，排水良好、土质疏松的地块种植；整地要平整，减少田间或局部积水；采用高垄地膜栽培，或夏季地面铺作物秸秆，避免病原菌通过灌溉水或雨水溅到下部果实或叶片上造成的侵染。避免第一穗果实接触地面。当第一穗果实进入绿熟期后，及时打掉植株下部老叶、病叶，增强下部果实通风透光，降低田间湿度，以减少发病。发现病果、病叶及时摘除集中销毁，严禁乱扔、乱倒。发病初期开始用40%乙磷铝可湿性粉剂200倍液，或58%甲霜灵锰锌可湿性粉剂500倍液，或64%杀毒矾可湿性粉剂500倍液，或72.2%普力克水剂800倍液，或2%多抗霉素可湿性粉剂100毫克/千克、氨基寡糖素600～800倍液，或氟啶胺等进行叶面喷洒，每周喷1次，共喷3～4次，重点保护下部果实和叶片，同时兼顾地面杀菌。

(7)绵腐病对番茄商品性的影响及防治 绵腐病主要侵染果实。发病初期，病斑外表不变色，果肉呈水浸状黄褐色或褐色大斑，导致整个果实腐烂，有时表皮破裂，其上密生大量白色霉层，以区别于绵疫病。

①*发病规律* 病菌以卵孢子随病残体在土壤中越冬，或在未腐熟的有机肥中越冬。借雨水和灌溉水传播，湿度大时再侵染能力强，发病快。病菌发育温度为8℃～9℃，最适宜温度为34℃～36℃。雨季高温、弱光、高湿和田间积水常导致该病发生。

②*防治方法* 使用充分腐熟的有机肥；合理密植；采用高垄地膜栽培，或夏季地面铺作物秸秆，避免病原菌通过灌溉水或雨水溅

到下部果实或叶片上造成的侵染；避免第一穗果实接触地面；夏季高温期加强水肥管理，及时浇水，晚上浇水降地温，防止田间积水；及时打老叶、病叶，增强田间通风透光，降低田间湿度减少发病；发现病果及时摘除、销毁，严禁乱扔、乱倒。发病初期用58%雷多米尔·锰锌可湿性粉剂500倍液，或75%百菌清可湿性粉剂600倍液，或40%五氯硝基苯500倍液，或64%杀毒矾可湿性粉剂500倍液，或72.2%普力克水剂600倍液进行叶面喷洒，每周喷1次，共喷2～3次，重点保护果实，同时兼顾地面杀菌。

(8)枯萎病对番茄商品性的影响及防治　枯萎病也叫萎凋病和萎蔫病。由于连年重茬，近年该病有偏重发生的趋势。开花结果期开始发病，导致果实不能正常膨大生长。枯萎病是病菌侵染茎部维管束引起的病害。先从下部叶片开始发黄枯死，依次向上蔓延。有时植株一侧叶片发黄，另一侧为正常绿色，群众称为“半边枯”，发病严重时整株叶片枯死，但不脱落。叶片黄褐色，潮湿时茎部贴地表处产生粉红色霉，剖开茎部维管束变黄褐色，但无污浊黏液，这是该病与青枯病区别之处。另外，拔出病株，根部变褐、干腐。

①发病规律　病菌以菌丝体或厚垣孢子在土中或病残体中越冬，菌丝体也可潜入种子内。多从伤口或幼根直接侵入，进入维管束，堵塞导管，产生毒素，随输导组织扩散，致全株死亡。枯萎病在温度为28℃左右、土壤潮湿的连作地、移栽或中耕伤根时易发病。土壤微酸时，有利于该病症状出现，21℃以下和33℃以上病情扩展缓慢。

②防治方法　选用抗病品种；实行严格的轮作制度；采用护根栽培，减少伤根；用相当于种子量0.3%～0.5%的50%多菌灵拌种，进行种子消毒；苗床土要消毒或采用无土育苗；发现病株及时铲除，用生石灰或福尔马林20倍液对铲除穴进行消毒；重病地块在定植前进行土壤消毒，用二溴乙烷和氯化苦消毒效果最好，也可

于夏季高温期密封大棚再覆地膜进行高温杀菌。发病初期用50%甲基托布津400倍液，或50%多菌灵500倍液，或70%敌克松300倍液灌根，每株灌药100克，每10天灌1次，连灌3～4次，可抑制病害发展。

(9)黄萎病对番茄商品性的影响及防治 黄萎病多发生在番茄生长中后期，叶片自下向上逐渐变黄，黄色斑驳首先出现在侧脉之间，发病重的结果小或不能结果，果实转色不良，严重影响番茄商品性。剖开病株茎部，导管变褐色，以此区别于枯萎病。

①发病规律 病菌以休眠菌丝、厚垣孢子和微菌核随病残体在土壤中越冬，可在土壤中存活6～8年，借风、雨及农事操作等传播。病菌从伤口或幼根直接侵入，通过维管束扩散到全株。当年不进行重复侵染。病菌发育适温为19℃～24℃，最高30℃，最低5℃，菌丝、菌核60℃经10分钟死亡。定植至开花期温度低于15℃、地势低洼、施用未腐熟的有机肥、灌水不当及连作地发病重。

②防治方法 播种前用50%多菌灵500倍液浸种1小时，或用55℃温水浸种进行种子消毒；与非茄科作物实行4年以上的轮作或与水稻实行水旱轮作；每667平方米定植田用50%多菌灵2千克进行土壤消毒；采用地膜覆盖栽培，在地温稳定在10℃以上时定植；加强田间水肥管理，喷洒叶面肥，增强番茄抗性。发病初期浇灌50%多菌灵可湿性粉剂500倍液，或50%苯菌灵可湿性粉剂1 000倍液，或50%DT(琥胶肥酸铜)可湿性粉剂350倍液，每株浇灌0.5升。

(10)斑枯病对番茄商品性的影响及防治 雨后高湿发病重。番茄叶、叶柄、茎和果实均可感染，以叶片发病最重。开始结果期受害最重。叶片初期叶背面出现水浸状不规则小斑，进而扩展到叶片正面，并扩大成直径1.5～4.5毫米的圆斑，周围暗褐色，中间灰白色，以后出现散生小黑点。叶柄上病斑与叶片相似，影响光合作用和果实生长。

①发病规律　病菌以菌丝和分生孢子在病残体、茄科杂草或附着在种子上越冬。在25℃和近饱和湿度条件下48小时病菌即可侵入而发病。雨后转晴及番茄生长衰弱、肥料不足易发病。

②防治方法　用新土或2年以上未种过茄科作物的生茬土育苗;栽植田实行2～3年以上轮作;用55℃热水烫种30分钟;合理密植,高畦栽培,喷洒多效好叶面肥4 000倍液提高抗病力;加强通风,降低湿度;发病时进行药剂防治,可用70%代森锰锌可湿性粉剂400～500倍液,或75%百菌清可湿性粉剂600倍液,或64%杀毒矾可湿性粉剂400～500倍液,或58%甲霜灵锰锌可湿性粉剂500倍液,每10～15天喷洒1次。保护地内可用百菌清或百速烟剂熏蒸。

(11)炭疽病对番茄商品性的影响及防治　该病以危害成熟果实为主。被病菌侵染的果实,病部最初呈水浸状斑点,扩大后形成凹陷圆斑,渐变褐色,有时呈轮纹状,其上生丛毛状小黑粒点,降低番茄的商品价值。

①发病规律　病菌以菌丝和未成熟的分生孢子盘随病残体遗留在土壤中越冬,病菌也可以菌丝潜伏在种子上越冬,种子发芽后直接侵染子叶、幼苗以及果实。田间靠风雨传播。温度为24℃,空气相对湿度为97%以上易发病。低温多雨的年份发病重,烂果多。30℃以上,干旱,该病停止扩展。重茬地、地势低洼、排水不良、氮肥过多、植株郁闭或通风不良、生长势弱等的地块发病重。

②防治方法　与非茄科作物实行3年以上的轮作;施用充分腐熟的有机肥,或施用酵素菌沤制过的堆肥和生物有机肥;播种前进行种子消毒,采用高垄覆膜栽培,加强田间管理,保持田间通风透光。发病初期开始喷洒25%溴菌腈可湿性粉剂500倍液,或50%叶鲜胺锰盐可湿性粉剂1 500倍液,或75%百菌清可湿性粉剂1 000倍液加70%甲基托布津可湿性粉剂1 000倍液,或75%百菌清可湿性粉剂1 000倍液加50%苯菌灵可湿性粉剂1 500倍

液，每隔7天喷洒1次，连续喷2～3次，重点保护果实。保护地每667平方米可用8%克炭灵粉尘剂1千克进行喷粉防治，每7天喷1次。

(12)圆纹病对番茄商品性的影响及防治 番茄圆纹病又称实腐病，主要危害果实，也危害叶片。果实染病初期，果面生淡褐色转褐色凹陷斑，大小可达果面的1/3；病斑不软，略干皱，具轮纹，湿度大时可长出白色菌丝层，后病斑渐变黑褐色，表面生很多小黑点；病斑下的果肉紫褐色，有的与腐生菌混生，导致果实腐烂。

①发病规律 该病菌以分生孢子器随病残体在地表越冬，翌年散出分生孢子，借风雨传播至果实上，进行侵染；后又在病部产生分生孢子器及分生孢子，进行再侵染。气温为21℃时有利于该病害发生和流行。

②防治方法 与非茄科作物实行3年以上轮作；及时清洁田园，减少初侵染源。发病初期，可用75%百菌清可湿性粉剂500倍液，或40%多·硫悬浮剂500倍液，或1∶1∶200波尔多液，或77%可杀得可湿性粉剂500倍液，或50%琥胶肥酸铜(DT)可湿性粉剂400～500倍液，每隔10天喷洒1次，连续喷2次。

(13)果实牛眼腐病对番茄商品性的影响及防治 多发生在未成熟的果实上。病斑初呈褐色圆形或近圆形，边缘不明显，扩展后呈深褐色与浅褐色相间的轮纹状大病斑，呈牛眼状。病斑可达果实的1/3～1/2，皮部光滑，不变形，以此区别于表面粗糙的晚疫病。病菌向果实内部组织扩展，湿度大时长出白色絮状菌丝，导致果实腐败，失去商品价值。

①发病规律 该病菌以卵孢子在土壤中越冬，翌年条件适宜时从气孔或伤口侵入。气温为24℃～28℃，果实表面结露易发病。该病害常伴随其他病害同时发生。

②防治方法 与非茄科作物实行3年以上轮作；施用充分腐熟的有机肥或生物有机肥；及时整枝绑蔓，提高田间通风透光能

力，防止果实接触地面；浇水要均匀，避免果面结露或长时间处于高湿的环境中；减少果面伤口。发病初期，可用47%加瑞农可湿性粉剂800倍液，或72%杜邦克露或克霜氰或克抗灵（霜脲锰锌）可湿性粉剂800倍液，或18%甲霜胺锰锌可湿性粉剂600倍液，或烯酰吗啉丙森锌，或69%烯酰吗啉锰锌可湿性粉剂1000倍液，每7～10天喷洒1次，连续喷洒2～3次。用药时注意重点保护果实，同时兼顾地面杀菌。保护地内可采用烟雾剂和粉尘剂。每667平方米可用45%百菌清烟雾剂200～250克熏烟，或用5%百菌清粉尘剂1千克喷粉防治，用药间隔期为9天。

(14)黑斑病对番茄商品性的影响及防治 该病主要危害果实，也危害叶片和茎。果实染病，病斑灰褐色或褐色，圆形至椭圆形，稍凹陷，有明显的边缘，果实上可有1个或几个病斑，大小不等，因此该病也常被称为钉头斑病或指斑病。病斑上生黑色霉状物，即分生孢子梗和分生孢子。

①发病规律 该病以菌丝体或分生孢子丛、分生孢子随病残体遗落在土中越冬，翌年春以分生孢子借气流传播蔓延，进行初侵染和再侵染。该病菌寄生性弱，在植株生长势弱或果实上有伤口时容易感病。温暖多湿的天气有利于发病。

②防治方法 加强水肥管理，促进植株健壮生长，增强抗性；保持田间通风透光。及早喷药预防。从青果期开始用50%扑海因可湿性粉剂1000～1500倍液，或75%百菌清可湿性粉剂600倍液，或58%甲霜灵·锰锌可湿性粉剂500倍液，或40%克菌丹可湿性粉剂400倍液进行叶面喷洒防治，每10天喷1次。在喷洒药剂时最好加入多效好叶面肥4000倍液，具有增强植株生长和抗病作用，防治效果更好。

(15)根霉果腐病对番茄商品性的影响及防治 根霉果腐病菌主要侵染近成熟或成熟后没有及时采收的近地面果实。感病果实大面积软化，湿度大时，病部长出较密的白色霉层和黑蓝色球状菌丝体，病果迅速腐烂。

①发病规律　该病菌寄生性弱，可附着在架杆等上越冬，在气温为24℃～29℃、空气相对湿度高于80%的条件下，从伤口或生活力弱的部位侵入，产生大量果胶酶，导致果实软化腐烂。该病菌产孢量大，可借气流传播，进行再侵染。遇连阴雨天、田间湿度过大或保护地内浇水后通风不及时，以及果实落地或过熟采收，发病重。

②防治方法　加强田间管理，防止第一穗果实接触地面和棚内高湿等；预防裂果；及时采收；夏季番茄进入转色期后提前采收，避免过熟；落地果实要及时捡起；病果及时摘除，用塑料袋带出田间销毁；叶面喷洒植保素7 500倍液，以增强对病菌的抵抗力。发病初期，叶面喷洒53.8%可杀得2000悬浮剂1 000倍液，或30%碱式硫酸铜(绿得保)悬浮剂400～500倍液，或50%苯菌灵可湿性粉剂1 000倍液，或70%甲基托布津可湿性粉剂800倍液，每10天喷1次，连续喷洒2～3次。

(16)青霉果腐病对番茄商品性的影响及防治　主要危害多汁的软果型果实。果实染病后，初呈水浸状褐色凹陷斑，后逐渐扩大，呈圆形或近圆形，大小5～10毫米，导致病果软化腐烂。病斑中间最初白色，后长出青色至深绿色霉状物，以此区别于炭疽病。

①发病规律　该病菌多腐生在多种有机物上，借气流传播，通过各种伤口侵入。病菌发育适温为18℃～28℃，空气相对湿度为95%～98%，多发生在贮藏期间。

②防治方法　采收时轻摘轻放；剔除病果和伤果；用于贮藏的番茄采收前7天喷洒50%甲·硫悬浮剂800倍液或50%苯菌灵可湿性粉剂1 000倍液，重点喷果实；贮藏窖提前喷洒50%甲基托布津可湿性粉剂300倍液或50%多菌灵可湿性粉剂300倍液进行消毒。成熟番茄贮藏温度控制在5℃～9℃，空气相对湿度控制在90%左右，以减少发病。

(17)假单胞果腐病对番茄商品性的影响及防治 该病主要危害果实。发病初期,果面出现不规则形褪绿斑,病斑先发白,后逐渐软化腐烂,内部果肉变为黄褐色至黑褐色,全果腐烂,果肉稀泥状,流出黄褐色脓水,无臭味,以此区别于软腐病。

①*发病规律* 该病菌在土壤中越冬,主要通过雨水或水滴溅射传播蔓延,农事操作和人为接触等也能传播。病菌从伤口或气孔侵入。夏季多雨季节易发病,果实常常尚未成熟即发生腐烂,严重时烂果遍地。

②*防治方法* 合理轮作;加强田间通风透光;加强棚室温、湿度管理,避免低温高湿条件出现;采用地膜覆盖和地面覆草栽培、避雨栽培,严禁大水漫灌,防止病菌随溅起的水滴传播。发病初期,可用72%农用链霉素可溶性粉剂4000倍液,或47%加瑞农可湿性粉剂800倍液,或27%铜高尚悬浮剂600倍液,或50%琥胶肥酸铜可湿性粉剂500倍液,或53.8%可杀得2000干悬浮剂1000倍液,每隔7～10天喷洒1次,连续喷2～3次。注意喷洒时兼顾地面消毒。

(18)镰刀菌果腐病对番茄商品性的影响及防治 该病主要危害成熟果实。被害果面初呈淡色斑,后变褐色,形状不定,无明显边缘,病斑扩展后遍布整个果实;湿度大时,病部密生略带红色棉絮状菌丝体,导致果实腐烂。

①*发病规律* 病菌在土壤中越冬。湿度大,发病重。

②*防治方法* 及时搭架绑蔓,防止果实触地;及时捡起落地果,防止感病;及时摘除病果,并集中销毁;果实着色前喷洒50%琥胶肥酸铜(DT)可湿性粉剂500倍液,或25%络氨铜水剂500倍液,或36%甲基硫菌灵悬浮剂500倍液,或40%多·硫悬浮剂500倍液1次,重点喷洒果实。

(19)丝核菌果腐病对番茄商品性的影响及防治 该病危害成熟果实,也引起幼苗猝倒、立枯和番茄茎基腐病。植株下部近地面成熟果实的脐部或果肩部容易染病。病斑初呈水浸状淡色斑，后扩展成暗褐色略凹陷的斑块，病斑上产生褐色蛛丝状霉。后期病斑中心裂开，果实腐烂。

①发病规律　该病菌存在土壤中，条件适宜即可侵染番茄果实，湿度大时发病重。

②防治方法　采用高垄覆膜栽培；精细整地和雨后及时排水，防止田间积水；加强田间栽培管理，保持田间通风透光；绑蔓时第一穗果实一定要吊起，不能使果实触地；果实成熟后及时采收。果实转色前可喷洒5%井冈霉素水剂1 500倍液，或20%甲基立枯磷乳油1 000倍液，或1∶1∶200波尔多液1次，重点喷下部果实和地面。

(20)白粉病对番茄商品性的影响及防治　该病危害番茄叶片、叶柄、茎及果实。果实染病后，果面产生白粉状霉斑，后果面发黄变褐，影响番茄的商品性。

①发病规律　病菌在越冬番茄上或以闭囊壳随病残体在地面越冬，翌年条件适宜时，散出子囊孢子，随气流传播蔓延和再侵染。在温度适宜的条件下，无明显越冬现象。在通风不良、高湿的条件下发病重。

②防治方法　合理密植；选择在开阔通风处栽培；加强棚室通风透光；及时打老叶、病叶，增强田间通风透光；清洁田园，降低田间病原数量。发病初期，可用30%氟菌唑可湿性粉剂1 500倍液，或50%硫磺悬浮剂200倍液，或2%农抗武夷菌素水剂或2%农抗120水剂150倍液，或15%三唑酮可湿性粉剂1 500倍液，或25%丙环唑乳油3 000倍液，或15%三唑酮可湿性粉剂2 000倍液加25%丙环唑乳油4 000倍液，每隔10天喷1次，连续喷2～3次。

(21)斑点病对番茄商品性的影响及防治　该病害主要危害叶片，也危害果实和茎。果实受害，果面生细小坏疽斑点，病斑周围具紫褐色轮纹或边缘周围具一圈黄晕，后病斑扩大，潮湿时病斑表面生暗灰色霉状物，使果实失去商品价值。

①发病规律　该病菌以菌丝体或分生孢子在病部随病残体遗落土中越冬，翌年进行初侵染和再侵染。借气流传播蔓延，发病快。温暖高湿的天气发病重。

②防治方法　合理密植，保持田间通风透光；加强肥水管理，防止田间积水，避免氮肥施用过量；叶面喷施爱多收 6 000 倍液，促进植株生长健壮，增强抗性；清洁田园，减少田间菌原数量。发病初期，开始叶面喷洒 36%甲基硫菌灵悬浮剂，或 50%混杀硫悬浮剂 500 倍液，或 40%多・硫悬浮剂 600 倍液，或 50%复方甲基硫菌灵可湿性粉剂 800 倍液，或 50%多菌灵可湿性粉剂 1 000 倍液加 75%百菌清可湿性粉剂 1 000 倍液，每隔 10 天防治 1 次，连续防治 2～3 次。

(22)芝麻斑病对番茄商品性的影响及防治　主要侵染叶片，果实也可染病。果实染病，果面生灰褐色凹陷斑，病斑大小、形状不等，影响番茄的商品性。

①发病规律　该病主要以菌丝体随病残体于田间越冬。条件适宜时产生分生孢子，借气流、雨水反溅，从气孔侵入。高温高湿季节该病容易发生和流行。

②防治方法　选用抗病品种；加强田间管理，增强田间通透性；加强肥水管理，以增强植株抗性；及时清洁田园，减少田间病原。发病初期，喷洒 25%络氨铜水剂 500 倍液，或 77%可杀得可湿性粉剂 400 倍液，或 50%混杀硫悬浮剂 500 倍液，或 50%多・硫悬浮剂或甲基托布津可湿性粉剂 600 倍液，或 1∶1∶200 波尔多液，每隔 7～10 天喷 1 次，连续喷 2～3 次。

(23)红粉病对番茄商品性的影响及防治　该病主要危害果实。刚着色的果实和成熟果实均可发病。发病初期，果实靠近顶部出现褐色水浸状斑，后变深褐色，不凹陷；湿度大时，病部生白色致密的霉层，不久其上长满一层红粉色绒状霉。病果最后腐烂落地或干缩为僵果挂在植株上，完全失去商品价值。

①发病规律　该病病菌以菌丝体随病残体在土壤中越冬，翌年春条件适宜时产生分生孢子，借风雨传播到果实上，由伤口侵入发病，病部产生大量分生孢子进行再侵染。病菌的发病适温为25℃～30℃，空气相对湿度为85％以上。生产上过量浇水，夏季大雨过后不及时排水，保护地通风不及时，定植密度过大，偏施氮肥等，发病重。

②防治方法　合理密植；及时整枝打杈、打掉老叶和病叶，疏除过密叶，增加田间通透性，使田间空气相对湿度低于85％，减轻高湿和结露对果面的伤害，可有效控制红粉病的发生和蔓延。发现病果后，及时摘除并装入塑料袋中带出田间集中销毁，切忌乱扔或拿着病果在田间走动。发病初期，叶面喷洒80％炭疽福美可湿性粉剂800倍液或25％溴菌腈可湿性粉剂500倍液进行防治。

(24)酸腐病对番茄商品性的影响及防治　该病只危害完熟的果实，尤其是有伤口的果实。发病初期，感病部位软化，表皮逐渐变褐，有裂纹，出现湿腐状。湿度大时，裂纹中长出稀疏白霉，易开裂、腐败流水，散发出酸臭味，以此区别于软腐病。

①发病规律　该病菌以菌丝体在土壤中或以分生孢子附着在棚室里越冬或越夏，翌年春分生孢子靠气流传播，从生活力弱或伤口部位侵入果实，染病果实产生的分生孢子可形成再侵染，导致病害蔓延。如采后堆放或贮运过程中病、健果接触，可引起病害传染蔓延。气温为23℃～28℃、空气相对湿度长期在85％以上有利于发病。采收不及时、伤口多易发病。

②防治方法　提倡地膜高畦栽培，合理密植，加强田间管理，避免高湿对果实引起的伤害；及时防治棉铃虫等，减少虫伤；及时采收，采收时轻拿轻放、剔除病果，筐内侧要光滑；贮藏库要通风良好。发病初期，可用30％绿得保悬浮剂400～500倍液，或50％琥

胶肥酸铜可湿性粉剂 500 倍液，或 27%铜高尚悬浮剂 600 倍液，或 53.8%可杀得 2000 悬浮剂 1 000 倍液，或 70%代森锰锌可湿性粉剂 500 倍液喷洒，每隔 10 天喷 1 次，共喷 1～2 次。

4. 细菌性病害对番茄商品性有什么影响？怎样防治？

(1)溃疡病对番茄商品性的影响及防治 溃疡病是一种由细菌侵染引起的维管束病害，由国外传入，危害性极大，为重要检疫病害。发病初期，下部叶片下垂稍有凋萎，以后向上部蔓延，叶片似缺水状，有时仅部分小叶或一侧叶片凋萎，叶片青褐色；茎部出现狭长斑，髓部中空变褐，茎秆上发生大量气生根。病原菌通过维管束侵染果实后，如系绿果则畸形、变褐，斑点不多，较浅，或内部变软；如系成熟果实，表面布满圆形“雀眼状”较大褐斑，斑点周围有白色的光轮，这个特征极易识别，以此区别于细菌性斑点病等病害。病斑老化时，白色光环消失，变成褐色，从果实中央裂开并形成溃疡。

病菌随种子、病残体越冬。病原细菌自伤口和叶片上的毛状体侵入，通过整枝、移栽、气流和灌水等传播。病菌生长适温为 25℃～29℃，致死温度为 53℃，多雨天气易发病。

防治溃疡病的方法：严格进行检疫，严防扩散蔓延；建立无病繁种田；实行 2～3 年的轮作；播前进行温烫浸种 25 分钟，或用 72%农用链霉素 4 000 倍液浸种 20 分钟，杀灭种子表皮细菌；定植前用新生霉素 8 000 倍液浸苗 10～12 小时，防止幼苗带菌；发现病株及时拔除、销毁，并用 20%石灰水浇灌病穴杀菌，同时全田喷洒 72%农用硫酸链霉素可溶性粉剂 4 000 倍液，或 30%细菌杀星600～800 倍液，或 14%络氨铜水剂 300 倍液，或 77%可杀得 2000 可湿性微粉剂 500 倍液，或氯霉素或金霉素 8 000 倍液，或 1∶1∶200波尔多液，每 5～7 天喷 1 次，防治效果良好。

(2)细菌性斑疹病对番茄商品性的影响及防治 该病危害未成熟的果实,也危害叶缘、茎、花和叶柄。幼果染病,病斑呈稍隆起的小斑点,果实近成熟时围绕斑点的组织仍保持较长时间绿色,以此区别于其他细菌斑点病。病菌在种子、病残体及土壤中越冬,通过雨水飞溅或整枝打杈、采收等农事操作进行传播和再侵染。温暖潮湿、多雨或喷灌有利于发病。

防治细菌性斑疹病的方法:播种前进行种子消毒;采用高垄地膜覆盖栽培或实行滴灌,避免降低地温和增加田间湿度。发病初期,用77%可杀得可湿性粉剂400～500倍液,或14%络氨铜水剂300倍液,或50%琥胶肥酸铜可湿性粉剂500倍液,或1∶1∶200波尔多液喷洒,每隔10天喷洒1次,共喷1～2次。

(3)青枯病对番茄商品性的影响及防治 该病又名细菌性枯萎,是一种土传细菌性病害。我国南方该病发生最重,已成为一种毁灭性病害。北方高温多雨年份和保护地栽培中也有发生,是由细菌侵染引起的维管束病害。由于维管束受害,影响水分正常吸收,最初只在白天或中午萎蔫,夜晚或浇水后能恢复正常,经2～3天后不再恢复。凋萎的叶片仍为淡绿色,在潮湿时茎上可见水浸状褐色斑块。如将茎基部切开,维管束变褐色,用力挤压,有乳白色的黏液渗出;或将病茎剪下插入水中,可见从切口处渗出的一股白色细菌液,以此特点区别于枯萎病。

病菌可随病残体越冬,也可在土壤中营腐生生活1～6年,适合在微酸性土壤中生存。病菌由伤口侵入,借雨水、浇水传播,在白天气温为30℃～37℃和高湿情况下最宜发病。当土温为25℃,土壤湿度大于25%时,出现发病高峰。苗期染病,结果期才显症状。夏季连续阴雨天、光照不足,骤然转晴,天气炎热时,易大流行。

防治青枯病的方法:选用耐病品种;采用无土育苗、生茬土护根育苗或嫁接育苗;定植田实行3～4年以上轮作或在生茬地栽培，或与水稻进行轮作，或与十字花科、禾本科作物轮作；通过多施有机肥尤其是生物有机肥，增施磷、钾肥，以及用1%～2%的过磷酸钙浸出液作根外追肥等，增强植株抗性；隔3～4年用生石灰调整定植田酸碱度为中性；采用高畦栽培，避免大水漫灌，防止田间积水；及时拔除病株，并用生石灰对病穴进行消毒；施用5406菌肥，改善土壤微生物状况，抑制病菌生长；发病初期，叶面喷洒72%农用链霉素2000倍液，每7～10天喷1次，有一定防效。也可用47%加瑞农可湿性粉剂500倍液，或72%农用链霉素400倍液，每株灌0.4千克左右，每10天灌1次，共灌2～3次即有效。

(4)疮痂病对番茄商品性的影响及防治 该病主要危害着色前的幼果和青果，也危害番茄叶片和茎。果实被害初期，生圆形、四周具较窄隆起的白色小点，后中间凹陷呈暗褐色或黑褐色隆起环斑，呈疮痂状是该病害的特征。病原细菌随病残体在地表或附着在种子上越冬，翌年春条件适宜，病菌通过风雨或昆虫传播到番茄上，从伤口或气孔侵入，受害部位细胞被分解、凹陷。病菌侵染果实后5～6天发病。高温、高湿、阴雨天气是发病的重要条件，害虫钻蛀及暴风雨造成伤口、管理粗放、植株衰弱等，发病重。

防治疮痂病的方法：采用无病种子，或播种前用55℃温水浸种10分钟进行种子消毒；重病田实行2～3年轮作；晴天、无露水时整枝打杈，适时防虫等，减少伤口侵染；发病初期，开始喷洒50%琥胶肥酸铜(DT)可湿性粉剂400～500倍液，或77%可杀得可湿性微粒粉剂500倍液，或25%络氨铜水剂500倍液，或72%农用硫酸链霉素或新植霉素4000～5000倍液，每隔7～10天喷洒1次，共防治1～2次。

(5)软腐病对番茄商品性的影响及防治 番茄软腐病主要危害果实和茎。果实染病后，外观保持完整，但内部果肉腐烂，果皮破裂后发出恶臭，是本病的特征之一。该病除危害番茄外，还侵染十字花科、茄科其他蔬菜和芹菜、莴苣等。病原细菌随病残体在土壤中越冬，翌年借雨水、灌溉水及昆虫传播，从伤口侵入。病菌发育适温为25℃～30℃，最高40℃，最低2℃，50℃经10分钟致死。阴雨天或露水未干时整枝打杈、虫伤多、保护地内因高湿导致果皮开裂等，发病重。

防治软腐病的方法：早打杈，尽量减少伤口；选晴天上午整枝打杈，避开阴雨天或结露期间打杈，加快伤口愈合；及时防治虫害和裂果，减少果实伤口，避免感病。必要时可喷洒25%络氨铜水剂500倍液，或50%琥胶肥酸铜可湿性粉剂500倍液，或72%农用链霉素可溶性粉剂4 000倍液，或77%可杀得可湿性微粉粒剂500倍液防治，每7～10天1次，连续喷2～3次。

(6)番茄细菌性髓部坏死对番茄商品性的影响及防治 该病害侵染坐果期的番茄，发病初期嫩叶褪绿，严重时植株上部褪绿和萎蔫，病茎表面初生褐色至黑褐色病斑，并长出很多不定根。剖开病茎，可见到髓部变成黑色或出现坏死。当病斑出现在植株下部时，常造成全株死亡，使得果实不能正常成熟而失去商品价值。湿度大时，菌脓从病茎的伤口和不定根溢出，以此区别于溃疡病。病原细菌最初在番茄和苜蓿上存在，发病情况在田间是随机的，在低夜温、高氮及高湿条件下容易发生。

防治番茄细菌性髓部坏死的方法：施用充分腐熟的有机肥或用酵素菌等堆沤的生物有机肥；采用配方施肥，避免施用过多氮肥；加强田间管理，避免低夜温和高湿条件出现。发病初期，可用77%可杀得可湿性粉剂400～500倍液，或10%溃枯宁可溶性粉剂1 200倍液，或50%琥胶肥酸铜可湿性粉剂500倍液，或1∶1∶200波尔多液等喷洒防治，每隔10天防治1次，连续喷洒2次。

5. 病毒病对番茄商品性有什么影响？怎样防治？

病毒病是一种系统性侵染病害，是危害番茄最严重的病害之一。可造成果实品质下降和大量减产甚至绝产。防治病毒病要以防为主。

(1)烟草花叶病毒病对番茄商品性的影响及农业防治 番茄烟草花叶病毒经染病植物的汁液接触传染,管理工作中的摩擦和接触伤口均可传毒。蚜虫不传此毒。春季干旱、生长衰弱时该病毒病多发。主要引起番茄花叶症状,与马铃薯X病毒等两种以上病毒混合侵染,会引起条斑坏死症状。其病害表现是:先从心叶开始出现黄绿相间或深浅相间的斑驳,叶脉透明,呈明显花叶;叶片皱缩、变小,有时有扭曲、皱缩表现,植株较正常株矮化;开花结实率低,严重时不能正常开花结果;果实转色不良,果肉发硬,果肩部硬化,可食率下降,品质和商品性下降。烟草花叶病毒在多种植物上越冬,种子、农具、架杆、衣物等均能带毒,附着在种子上的果屑也能带毒;土壤中的病残体、田间越冬寄主残体、烤晒后的烟叶烟丝等均可成为该病的初侵染源,只要寄主有伤口即可侵入。

对烟草花叶病毒病的农业防治措施:选用抗病品种;管理番茄时不抽烟;先管理健康植株再管理病株,管理过病株之后及时用肥皂水洗手消毒;及时拔除发病严重的植株,装入袋子带出田间,防止与健康植株摩擦接触传染;加强田间管理和病虫害防治,及时浇水,保持田间适宜的温度和湿度,减少伤口;增施有机肥,采用配方施肥,增强植株生长势,提高抗病性;采用塑料大棚保护地栽培,改善番茄生长环境条件,减少发病。

(2)黄瓜花叶病毒病对番茄商品性的影响及农业防治 黄瓜花叶病毒主要引起番茄蕨叶症状,与其他病毒混合侵染会出现条斑坏死、花叶等多种症状。夏秋季高温干旱条件下容易发生。病害表现先从心部叶片开始变硬,呈带状或丝状扭曲,严重者仅剩主叶脉,中、下部叶片向上微卷,与细小的叶片相比花冠加长、增大或形成巨花。植株不同程度矮化,呈丛枝状,开花不正常,不能正常结果或所结果实不膨大,失去商品价值。黄瓜花叶病毒主要在多年生宿根杂草上越冬，春季通过蚜虫迁飞传毒，汁液也可传毒。高温、干热和强光照能促进发病。此外，施用过量的氮肥或缺少钾、钙，番茄组织柔嫩；土壤瘠薄、板结、黏重和排水不良，则植株生长势弱，蚜虫传毒等发病重。

农业防治措施：选用耐病品种，播种前进行种子消毒；采用护根栽培，减少伤根，促进根系发育和吸收；采用防虫网隔离栽培，防止蚜虫为害传毒；及时拔除病株，减少接触传染等均可减轻发病。夏秋季采用避雨栽培，防止暴雨危害，可减少暴雨伤害引起的生长不良给病毒侵染危害带来机会。

(3)条斑病毒病对番茄商品性的影响及农业防治 条斑病毒病是多种病毒混合侵染的结果。烟草花叶病毒条斑株系与马铃薯X病毒等两种以上病毒混合侵染，或黄瓜花叶病毒与其他病毒混合侵染等都会出现条斑坏死症状。一般在高温、强光、干旱、蚜虫带毒危害严重的春季发病严重。坏死症状可发生在茎、叶和果实上，导致茎秆条斑坏死、果实条斑坏死、生长点坏死或整株坏死。病斑形状因发生部位不同而异，在叶片上为茶褐色的斑点或云纹；在茎秆和果实上为黑褐色长条状斑，病斑仅在表层组织，不深入茎、果内部，果实上的病斑凹陷，果实不能正常红熟，失去商品价值。

农业防治方法：采用全程保护地覆盖栽培，即利用遮阳网遮荫防止高温伤害；利用防虫网隔离蚜虫，防止蚜虫为害传毒；利用塑料薄膜覆盖增加田间湿度、减轻干旱对番茄生长的影响，增强抗病性等，可防止该病害的发生。

(4)番茄斑萎病毒病对番茄商品性的影响及农业防治 苗期和坐果期均可染病。坐果后染病，绿果上出现褪绿环斑，轮纹不明显；成熟果实染病，轮纹明显，红黄或红白相间，严重的全果僵缩，脐部症状与脐腐病相似，但该病仅果实表皮变褐坏死，以此区别于脐腐病。该病毒还可系统侵染辣椒、烟草、百日草和莴苣等，通过汁液传染。外种皮带毒,也能通过种子传毒;豆蓟马、烟草蓟马和苜蓿蓟马等能持久性传毒。病毒在番茄叶片内经过 4 天的潜育期后发病。该病毒在 40℃~46℃条件下经 10 分钟失活。

农业防治方法:选用抗烟草花叶病毒病的品种对该病的发生有一定的抑制作用;播前用 55℃温水浸种 15 分钟,进行种子消毒;清除田间及周围杂草,以避免杂草带毒和经由蓟马传播;从出苗开始注意防治蓟马。在防治蓟马的同时进行病毒防治。

(5)番茄黄化曲叶病毒病对番茄商品性的影响及农业防治 番茄黄化曲叶病毒病是 2005 年发现传入我国的、由烟粉虱传播的双生病毒引起的病毒病,是番茄的毁灭性病害。

据报道,自 1964 年番茄黄化曲叶病毒(TYLCV)被正式命名以来,该病害已经在中东、东南亚、东亚及非洲等众多国家及地区和我国浙江、重庆、广东等地相继发生,并对上述地区番茄生产构成了严重威胁。低密度的带病毒烟粉虱仍可导致病毒的扩散与流行。番茄黄化曲叶病毒病是世界很多地区番茄生产的重要限制因素。该病毒还可以侵染茄科、豆科等多种植物,20 多种植物易受番茄黄化曲叶病毒的危害。

番茄黄化曲叶病毒病的症状表现是:叶片边缘呈鲜黄色或干缩,卷曲;侧脉和主脉附近叶色深绿光亮,或皱缩变硬,叶肉变厚,叶片变小;节间变短,植株矮化萎缩;开花延迟,花朵减少,不坐果或坐果率极低,幼果易开裂;随着植株的生长,病情越来越严重,产量损失大。果实膨大慢,转色慢且不均匀,果肉硬,含水量低,果浆酸,失去商品价值。其症状表现常常与施肥不当、生长调节剂的不合理使用、缺素症等生理病害和除草剂伤害症状相似。

农业防治方法:采用防虫网栽培;从苗期开始防治烟粉虱,避免带毒烟粉虱接触番茄;不从病区移苗;发病温室再利用时一定要将室内病株清理干净,并彻底进行杀虫、消毒后使用。

(6)丛矮病毒病对番茄商品性的影响及农业防治 苗期染病

5天后出现环状坏死斑，叶片褪绿且迅速落叶；苗期氮肥施用过多，茎秆木质化程度低，常在近地面处出现坏死斑，引起猝倒。成株染病后，幼叶卷曲或顶部坏死，导致侧芽增生或丛生，下部叶片褪绿和变紫。果实除产生褪绿斑外，还在成熟果实上产生环状斑或平行斑，失去商品价值。该病毒还可系统侵染曼陀罗，局部侵染豇豆、菜豆、黄瓜、苋色藜等。通过染病植物的汁液和受损伤的根细胞传播；该病毒不能被消化，可通过人、畜粪便传播。在河水中发现有该病毒，用淤泥和污水作肥料也可能传播。具体的侵染方式尚不明确。

农业防治方法：从无病株上采种；加强病害检疫，控制传播危害；施用经过酵素菌或高温堆沤过的腐熟有机肥，采用配方施肥，避免偏施氮肥。

(7)曲顶病毒病对番茄商品性的影响及农业防治 该病毒又称甜菜曲顶病毒。生育前期发病，常导致整株死亡；进入结果期发病，植株变黄或生长点直立，植株矮化，叶片变厚、变脆且向上卷曲，叶柄下弯，叶色暗黄，叶脉变紫，果实常提早假熟（即果面虽然转色，但果肉转色不良），果实商品性差。坐果后染病时，病、健果可出现在同一株上，未成熟果实形成暗褐色皱缩果实，是此病典型症状之一。该病害还可侵染茄科、葫芦科、十字花科、豆科、藜科等植物，引起矮缩症。该病毒通过甜菜叶蝉等刺吸式口器昆虫进行半持久性传播，种子也可带毒。甜菜叶蝉在感病的甜菜上危害1分钟即可获毒，迁飞为害番茄后传毒，病毒经4小时左右潜伏期，2～3天表现症状。带毒的甜菜叶蝉在雨天迁飞时传毒，带毒的媒介昆虫越多，传毒的效率越高，发病越重。

农业防治方法：播前进行种子消毒；在带毒的甜菜叶蝉等昆虫向番茄田迁飞之前，彻底铲除杂草并喷洒杀虫剂灭虫，不让带病的媒介昆虫飞入番茄田间为害；栽培番茄田应与甜菜田保持较远的距离。

(8)卷叶型病毒病对番茄商品性的影响及农业防治 卷叶型病毒病主要由烟草卷叶病毒侵染引起。症状表现为叶脉间黄化，叶片边缘向上方弯卷；小叶呈球形，扭曲呈螺旋状畸形；整个植株萎缩，有时丛生；所结果实转色差、品质严重下降，商品价值降低。染病早的植株多不能开花结果。靠粉虱传毒，汁液接触不传染。

农业防治方法：番茄田与烟草田应保持较远的距离；加强防治粉虱，防止其传毒。

(9)病毒病的综合防治措施 以防为主，感病后防治效果差。

①农业防治措施 一是选抗病品种。目前生产上推广最多的是抗烟草花叶病毒品种，如毛粉 802、中杂 9 号、豫番茄 1 号等。二是播前进行种子消毒，用 55℃温水烫种 15 分钟左右，或用 10%磷酸三钠浸种 20 分钟，或用 0.1%～0.2%高锰酸钾浸种，以钝化种子表面的病毒。三是合理轮作。与非茄科作物实行 3 年以上的轮作，以减轻病毒危害和连作障碍，促进根系发育和植株健壮生长，增强抗病、抗逆性。四是在番茄的整个生育期中注意防治蚜虫、白粉虱、烟粉虱、蓟马、根结线虫、地下害虫等虫害，防止直接传播病毒或造成伤口导致病毒侵染，或根系吸收能力下降，植株生长衰弱，诱发病毒病等。五是加强田间管理。培育壮苗，带大土坨定植，促进根系发育，增强抗病性；在田间管理中，首先管理健康植株，后管理病株，最后用肥皂水洗手消毒，防止人为传播；加强肥水管理，光照过强时中午要适当遮荫，创造适宜番茄生长的环境和土壤温、湿度，促进番茄生长，增强抗病性；高温期采用营养钵护根育苗、定植具有 4～5 片叶的小苗，防止过度伤根；进入开花结果期后，避免田间深中耕，防止断根染病；叶面喷洒微量元素肥料、植物生长调节剂等促进番茄健壮生长，增强抗病毒能力。六是采用全程覆盖栽培，创造适宜番茄生长的环境和避免害虫传毒。从播种育苗开始，用防虫网覆盖防虫；定植后，用塑料薄膜增温、保湿、防雨，通风口用 40 目以上的防虫网隔离防止虫害，强光照条件下中

午前后用遮阳网覆盖遮荫,阻断病毒来源、促进番茄健壮生长,增强抗病能力。通过以上措施,可有效避免条斑病毒病(主要在春季发生)、番茄黄化曲叶病毒病等的发生和危害。应该注意的是,在目前番茄病毒病危害严重的情况下进行保护地生产时,定植前保护地内首先要彻底进行病虫防治,覆盖的防虫网一定要压严、不能有破洞,出入口和浇水口也要合严,以防蚜虫、粉虱、蓟马等随气流进入为害传毒。由于棚内通风条件差,同时要注意防治其他病害。

②化学防治方法　在适宜病毒病发生的季节之前或发现个别病株时可及时采用药剂防治。可用10%宁南霉素可溶性粉剂1 000倍液,或1.5%的植病灵800倍液,或20%的病毒A500倍液,或7.5%克毒灵水剂600～800倍液,或3.95%病毒必克可湿性粉剂700倍液,或2%氨基寡糖素水剂300～450倍液,或5%菌毒清水剂250～300倍液,或3%三氮唑核苷水剂900～1 200倍液,或0.5%菇类蛋白多糖水剂300～500倍液喷雾,增强植株抗性,预防病毒病发生。也可用10%宝立丰病毒立灭,每支对水10～15升,加83增抗剂100倍液,加植物病毒钝化剂912(每667平方米用药粉75克,加少量温水调成糊状,用1升开水浸泡12小时后晾凉),混匀对水15升叶面喷洒防治,重点喷洒番茄幼嫩的生长点部位,可有效预防和控制病毒病的发生和蔓延。一般防治时期在苗期至初花期。番茄黄化曲叶病毒病在整个生育期中均可发生,需要全程预防。预防时,一般每10～15天喷1次,连续喷2～3次;发病初期每7天喷1次,连续喷3～4次,也可增加浓度进行灌根。

6. 番茄巨芽病对番茄商品性有什么影响?怎样防治?

该病害由植物菌原体引起。表现为顶部及叶腋长出大量分枝或叶片呈线状、色淡,芽变大、畸形,病株多不能结果,或所结果实呈圆锥形的坚硬小果,失去商品价值。

防治方法:发病初期喷洒医用四环素或土霉素溶液 4 000 倍液,每隔 10 天左右喷 1 次,连续喷 2 次。

7. 根结线虫病对番茄商品性有什么影响?怎样防治?

根结线虫病主要发生在根部的须根或侧根上,是近年来危害相当严重的一种土传病虫害。根结线虫很小,从根部侵入,截取根部营养,刺激根部膨大形成大小不等的根结(或叫根瘤),破坏根系输导组织。幼苗染病,基本处于生长停滞状态,植株矮小,不能正常开花结果;成株染病,植株生长不良、早衰、坐果率低、果小等,严重时根系吸水困难,导致果实因缺水转色困难和植株缺水枯死,严重影响番茄的产量和果实的商品价值。根结线虫常以 2 龄幼虫或卵随病残体在土壤中越冬,一般生活在 3~9 厘米的地表层,可存活 1~3 年,经土壤、病苗、灌水等传播,在土温为 25℃~30℃、含水量为 40%左右时发育最快;55℃经 10 分钟死亡。地势较高燥的砂壤土及连年重茬地易发生,夏秋季危害严重。防治方法如下。

第一,选用抗病品种或选用抗病砧木嫁接栽培。

第二,加强田间操作管理。避免通过移苗、耕耙等农事操作人为传播病害。彻底清除染病番茄的根部病残体,集中烧毁或深埋。合理施肥和灌水,增强番茄的抗病能力。夏秋季播种或定植番茄前,可先播种一茬速生叶菜,经 20 天左右连根拔出,带出田间集中处理。

第三,培育无线虫苗。选用无线虫营养土育苗,或采用无土育苗、水培育苗等。尤其夏秋季节更应做到这一点。

第四,深翻土壤,或与葱蒜类及大田作物实行 2~3 年以上轮作,或与水稻、莲菜进行水旱轮作,或采用无土栽培法。

第五,通过高温闷棚、蒸汽消毒或用溴甲烷熏蒸等进行土壤消毒。前茬收获后立即耕翻,灌透水后用塑料薄膜盖严 10~30 天,使土温升至60℃以上，或直接通入高温蒸汽，在80℃～90℃下保温8小时，可杀死根结线虫。

第六，用石灰氮进行日光消毒，防止温室根结线虫及其他病害。选择换茬季节，在夏季天气最热、光照最好时节及时清理干净上茬蔬菜，整平土地，浇足水，使土壤相对湿度达60%以上；待水分下渗后，每667平方米撒施50%石灰氮（通用名：氰氮化钙）80千克、未腐熟有机肥3 000千克或粉碎的作物秸秆800千克，深翻（旋耕最好，可增加土壤与石灰氮的接触面积，提高杀虫效果）30～40厘米，整平后用无破损薄膜密封保湿增温20天。揭膜后施入微生物有机肥或微生物制剂（补充被杀死的有益微生物），并进行翻耕（深度不能超过30～40厘米，防止把深层的线虫翻出地面），晾晒3天后即可使用。生产人员在施药时要加强安全保护，防止中毒事件发生。处理过的土壤要防止人为通过移苗和农机具等带入根结线虫及虫卵。

第七，药剂防治。播种和定植时，每667平方米用50%氰氮化钙颗粒剂80千克，或98%棉隆颗粒剂20～27千克进行土壤消毒；用丁硫克百威颗粒剂5～7千克，或35%威百亩水剂4～6千克，或10%粒满库颗粒剂5千克，或5%粒满库颗粒剂10千克作沟施或穴施；或用淡紫拟青霉（5亿个活孢子/克）颗粒剂2.5～3千克沟施或穴施；或用10%噻唑膦颗粒剂1.5～2千克，或3%锐线颗粒剂4～5千克（预防时2～3千克）进行土壤撒施。发病初期，可用爱福丁乳油500倍液，或50%辛硫磷乳油1 500倍液，或0.8%阿维菌素乳油1 500倍液灌根，每株灌250～500毫升，每7～8天灌1次，连灌2次。实践证明，进行土壤处理的防治效果优于灌根防治。

8. 虫害对番茄商品性有什么影响？怎样防治？

(1)棉铃虫对番茄商品性的影响及防治 棉铃虫是番茄的主要害虫。夏秋季危害最重，需及时加强防治。其幼虫蛀食蕾、花、果，也蛀食嫩茎、叶和芽，主要危害形式是蛀果。该虫是番茄的大害虫，以蛹在土中越冬，翌年春季条件适宜（在华北4月中下旬开始）时成虫脱蛹飞出，白天栖息，傍晚开始活动、产卵。卵散产在番茄植株的顶尖至以下第四叶层的嫩梢、萼片、嫩叶、茎梢或茎上。在15℃～30℃下，2～14天孵化出幼虫，藏在嫩叶背部或花朵内，取食嫩叶和小花蕾，常常将子房食空或啃食雄蕊，导致花朵不能正常开放即脱落；3龄以后钻入果实为害。受害幼果可被吃空，较大的果实被蛀成虫孔。该虫可转果为害，一般一头幼虫一生能咬食4～5个果，多的达8个。老龄幼虫喜取食成熟果实及嫩叶。虫洞浅时会自然愈合，虫洞深时露水或雨水浸入即发生腐烂；同时棉铃虫造成的伤口还可能导致病害的侵染，严重影响番茄的商品价值。一般棉铃虫2个月完成1个生育周期，在北方每年可危害3代，以第二代危害最严重。该虫属喜温型害虫，在气温为23℃～28℃、空气相对湿度为75%～90%的条件下，虫害发生严重。暴雨冲刷和雨水过多造成的土壤板结不利于虫卵的孵化和幼虫入土化蛹。其防治方法如下。

①农业防治 冬灌后深翻，冻死越冬蛹；成虫发生期摘卵块，即在打杈、疏花疏果、摘心等管理过程中，摘除棉铃虫卵块深埋或烧毁；提前在番茄地周围栽植玉米，吸引成虫更多地将卵产在玉米植株上，集中诱杀（玉米植株低于番茄植株时诱杀效果差）；及时摘除虫果，防止转果为害；用树枝嫩梢诱杀成虫，即于4月下旬至5月、6月中旬左右、7月下旬剪长为60～70厘米的杨树嫩枝，每10～15根捆作一捆，插入刚定植的番茄田间，嫩枝夜间发出特有

的清香味，可引诱成虫产卵，清晨用塑料袋将枝把收起带至田外处理；每3.33公顷(50亩)安放一盏黑光灯诱杀成虫，效果良好；用性诱剂诱杀时可每间隔30米设置一高出番茄20厘米的水盆，盆中放诱芯，并倒入稀肥皂水或洗衣粉水进行诱杀，也有很好的效果。

②生物防治　释放赤眼蜂等。赤眼蜂是一种寄生小蜂，可杀死棉铃虫卵，起到防虫作用。用Bt乳剂200倍液、棉铃虫核多角体病毒，以及芽孢杆菌"7216"、链孢霉属的"7217"和灭幼脲等生物农药防治，也有良好防效。

③化学农药防治　在棉铃虫蛀入果实前采用化学农药防治最有效。这时幼虫小，抗药力弱，群居不分散，药液容易喷到虫体上，防效好。一般在坐稳果，结束蹲苗期后，每7天喷药1次，连喷3～5次即可基本防止为害。可选用的药剂有20%杀灭菊酯乳油2 000～3 000倍液、2.5%溴氰菊酯乳油(进口)2 000～3 000倍液、50%辛硫磷乳油1 000倍液、35%氰戊氧乐乳油1 000～1 500倍液、2.5%氯氟氰菊酯乳油4 000倍液、21%增效氰·马乳油6 000倍液、2.5%联苯菊酯乳油3 000倍液、10%菊·马乳油1 500倍液、25%增效喹硫磷乳油1 000倍液、5%高效氯氰菊酯2 000倍液等喷雾防治，或用2.5%敌百虫粉剂加土喷粉防治。

(2)烟青虫对番茄商品性的影响及防治　与棉铃虫一样，烟青虫主要危害番茄果实，也蛀食花蕾、果实、嫩茎、叶和芽等，果实被蛀常引起落花落果、果面带虫伤和果实腐烂，导致果实商品性下降或失去商品价值。该虫与棉铃虫的区别之处在于成虫的体色较黄，幼虫体表小刺较短。前期成虫多将卵散产在寄主植物上中部叶片背面的叶脉处，后期在萼片和果实上产卵。幼虫白天潜伏，夜间活动为害。其防治方法同棉铃虫。

(3)蚜虫对番茄商品性的影响及防治　蚜虫又叫蜜虫、腻虫、油汗等。为害番茄最重的是桃蚜，一般在春季发生，多为有翅蚜迁飞危害,几天后就死亡。当蚜虫发生量小,春季气候适宜番茄生长时,蚜虫对番茄的危害并不大,基本看不出症状。但在暖冬条件下,由于干旱,越冬寄主作物的病毒病偏重发生,同时也有利于蚜虫的大发生。如果再遇高温、干燥、强光照的暖春,番茄生长势衰弱,蚜虫却一批又一批地大量迁飞为害传毒,防不胜防,很快使番茄感染病毒,常常造成大面积减产或绝产。

①及早防治　防治有翅飞蚜的关键是及时防治,当有翅蚜落在番茄上为害前就应及时喷药防治。蚜虫一旦刺吸叶片就能传播病毒,此时防治为时已晚。蚜虫对果实的直接为害是其分泌物污染果实,导致果面产生细小裂纹;间接危害是传播黄瓜花叶病毒病和对植株造成伤害,导致番茄病害发生,进而影响果实的商品性。

②诱蚜和避蚜　可采用银灰色反光膜避蚜,即利用蚜虫对银灰色有厌恶感的特性,铺银灰色反光地膜,并在行间挂银灰薄膜长条,有明显驱避作用。还可用黄板诱蚜,即利用蚜虫的趋黄特性,在田间挂黄色木板等物,高度与株高相同,外部涂抹透明的机油引诱蚜虫扑向黄板而被机油粘死。注意每 7～10 天清理 1 次黄板和重新涂机油。蚜虫发生初期采用,也可用作虫情测报,及时做好防治蚜虫工作。

③生物防治　发生量少时可以利用蚜虫的天敌如七星瓢虫、食蚜蝇、草蛉等进行防治。

④隔离防治　用 40～50 目防虫网覆盖栽培,或春季晚撤棚膜,创造适宜番茄生长但不利于蚜虫生活的环境,避免蚜虫为害。

⑤药剂防治　防治蚜虫的药剂很多,但以具有触杀、内吸、熏蒸三种作用的农药为好。可每隔 5～7 天喷药 1 次。例如,70%杀蚜松可湿性粉剂 1 500～2 000 倍液有内吸作用,可维持药效 30～40 天,不宜在结果后喷洒;40%乐果乳剂 1 000～1 500 倍液,毒性小,内吸力大,但有些地方因蚜虫产生抗药力,因而杀灭率降低;20%杀灭菊酯乳油 2 000～3 000 倍液或 2.5%溴氰菊酯 3 000 倍

液对人、畜毒性较小、杀灭力大;蚜虱一遍净 2 000～3 000 倍液或 0.8%阿维菌素 1 500 倍液因长期使用,蚜虫抗药性增加,需提高浓度;4%鱼藤酮粉剂 1 千克混细土 3 千克喷粉,或用鱼藤精 600～800 倍液喷洒,此药为植物性杀虫剂,效力高,对人、畜安全;用 10%吡虫啉可湿性粉剂 2 000 倍液,或 3%啶虫脒乳油 1 500 倍液,或 5%顺式氯氰菊酯 5 000～8 000 倍液,或 50%辟蚜雾(抗蚜威)可湿性粉剂 4 000 倍液喷雾防治,均有很好效果,可每 5～7 天喷 1 次。

(4)白粉虱对番茄商品性的影响及防治 白粉虱繁殖快,1 年发生 10 余代。该虫冬季在保护地内越冬。在适宜的温度(18℃～21℃)条件下,完成从卵到成虫的过程仅需 25～30 天。成虫群居在番茄嫩叶背面,风吹或触动叶片后能成群飞舞;其幼虫无翅,伏在叶背不动,吸食叶片汁液,使叶片褪色变黄、萎蔫、死亡。各种虫态在番茄植株上呈塔状分布,最上部的嫩叶成虫群居并产下大量的卵,逐渐向下,中部叶片多为初龄幼虫,中下部叶片为中老龄若虫,再下为老龄幼虫、蛹和蛹壳。成虫和幼虫分泌大量蜜露,造成叶片和果实的煤污病,以及对植株造成伤害,导致番茄病害发生,进而影响果实的商品性。防治白粉虱的方法如下。

①农业防治 杜绝虫源,彻底治理保护地等冬季温暖处的虫源。培育无虫壮苗。加强苗期管理,防止虫害发生。定植前严格检查,发现带虫苗及时处理。清洁田园,腾茬时,彻底将枯枝落叶清理干净并深埋、高温堆肥或烧掉。利用白粉虱趋黄色的特性,采用黄板诱杀。定植前熏棚。

②生物防治 可利用白粉虱的天敌丽蚜小蜂、小花蝽、草蛉和赤座霉菌等防治。目前丽蚜小蜂在生产上已开始推广应用。生物防治无残毒,是今后提倡的防治方法。丽蚜小蜂能在白粉虱幼虫和蛹的体内产卵,使白粉虱幼虫经 9～10 天即变黑死亡。饲养丽蚜小蜂,定期向温室内释放,可控制粉虱为害。小花蝽(东亚小花

蝽和微小花蝽)是一种食卵的粉虱天敌。中华草蛉一生能捕食白粉虱幼虫 172 头。

③药剂防治　用 22%灭蚜灵烟雾剂,在保护地熏蒸,杀成虫率可达 100%;其次是每 667 平方米大棚用 80%敌敌畏 150 克掺锯末 40 千克、水 14 升,撒于行间熏蒸,选晴天中午进行。熏蒸前先喷一遍 40%乐果 1 000 倍液消灭卵和小若虫,之后撒药闭棚,在 36℃高温下,可杀死 90%成虫。每 5～7 天熏 1 次,连熏 3～4 次即可。用洗衣膏 1 000 倍液连续喷洒。洗衣膏内含有氨基苯磺酸钠,此药无毒无残留,能堵塞粉虱气门,刺激、腐蚀虫体。对白粉虱 1～3 龄幼虫可用 25%扑虱灵可湿性粉剂 2 500 倍液防治,每 5～7 天喷 1 次,连喷 2～3 次。还可选用 25%阿克泰水分散粒剂 5 000 倍液、10%吡虫啉可湿性粉剂 2 000 倍液、3%啶虫脒乳油 1 500 倍液、20%吡・丁硫乳油 1 200～2 500 倍液、10.8%吡丙醚乳油 800～1 500 倍液、3%联苯菊酯水乳剂 1 500～2 000 倍液、2.5%溴氰菊酯、40%乐果乳油、50%马拉硫磷乳油 1 000 倍液喷洒,每 5～7 天喷 1 次,连喷 2～3 次,均有较好防效。

(5)茶黄螨对番茄商品性的影响及防治　幼螨和成螨集中在幼嫩部分刺吸汁液,造成植株生长缓慢;叶片受害后变窄,僵硬直立,皱缩、扭曲畸形,最后秃尖;受害嫩茎呈黄褐色,严重的植株顶部干枯;花蕾受害,轻者能结果,但果实膨大慢,重者不能开花结果;果实受害后,果柄、萼片及果面变褐色,无光泽,严重时导致果实开裂,失去商品价值。温暖多湿条件下易爆发成灾。由于茶黄螨个体小,肉眼看不到,其危害症状很容易和激素伤害、病毒病危害等相混淆。在保护地四季均有茶黄螨发生,露地 5～10 月份多发。温暖多湿的环境有利于茶黄螨的发生和为害。

防治方法:清洁田园,减少田间害虫数量。与叶类蔬菜轮作,减轻为害。为害初期用 5%哒・四螨可湿性粉剂 800～1 000 倍液,或 10%浏阳霉素 2 000 倍液,或 15%哒螨灵乳油 2 000～3 000

倍液，或 73%克螨特乳剂 1 200 倍液，或 20%复方浏阳霉素 1 000 倍液，或 25%灭螨猛可湿性粉剂 1 000～1 500 倍液喷洒，或 5%尼索朗乳油 2 000 倍液，或 21%增效氰·马乳油（灭杀毙）2 000 倍液，或 2.5%天王星（联苯菊酯）乳油 3 000 倍液，或 25%增效喹硫磷乳油 800～1 000 倍液喷洒防治。重点喷植株上部和叶背部。

(6)番茄瘿螨对番茄商品性的影响及防治 番茄瘿螨属寄生性螨类，是茄科蔬菜上的新害虫。虫体微小，一般不易觉察，很容易误诊。它主要为害叶片，导致果实僵化，并失去商品价值。其症状表现是：嫩叶被害，叶片翻卷，皱缩增厚，严重时叶背出现灰白色毛毡状物；老叶受害时不卷曲，但质地变脆，失去光泽。成螨隐藏于叶背面，在叶脉间表皮上吸食，潜藏于叶片刚毛下产卵繁殖。高温少雨气候条件下虫口密度大，为害严重。

防治方法：加强田间管理，发现番茄瘿螨为害初期即喷药防治，药剂种类和使用浓度同茶黄螨。也可选用 16%菜虫一次净（氯灭）乳油 1 500 倍液、10%浏阳霉素 1 000～1 500 倍液、35%卵虫净乳油 1 000～1 500 倍液、20%好年冬乳油 800 倍液、20%螨克乳油 800～1 000 倍液、40%抗螨 23 乳油 500～800 倍液、5%增效抗蚜威液剂 2 000 倍液喷洒防治。要整株喷洒，重点喷叶背部。每隔 5～7 天喷 1 次，连续喷 3～4 次。

(7)烟粉虱对番茄商品性的影响及防治 近几年温室烟粉虱危害愈来愈重，严重者叶面、叶背布满成虫和若虫。它不但能吸食叶片中养分，其排泄物还能造成叶片和果实煤污病，使叶片光合作用和呼吸作用减弱、果实商品性下降。烟粉虱在为害的同时还能持久性传播番茄黄化曲叶病毒病，因此必须及早抓紧防治。

烟粉虱起源于地中海。近 20 年来陆续在美洲、亚洲等地为害，造成大片作物严重减产和绝收。该虫传入我国以来，为害番茄、烟草、棉花等数十种重要经济作物，传播双生病毒引发病毒病蔓延成灾。

烟粉虱体型小，成虫长1毫米，体表有白色蜡质粉状物，停息时双翅合成屋脊状如蛾类。1年发生10多代。成虫可两性生殖和孤雌生殖，世代重叠。冬季在温室内越冬。成虫对黄色有较强的趋性，并具趋嫩习性。在气温为25℃～30℃，空气相对湿度为70%以上的条件下，10多天就可完成1个世代。气温低于12℃停止发育，高于40℃成虫死亡。

由于烟粉虱繁殖快，世代交替；寄主广泛，侵害的植物种类超过500种；经由烟粉虱传递的植物病毒可以帮助烟粉虱增加适应不同植物系统；容易产生抗药性，因此难以控制。

烟粉虱大发生的主要原因是：农药的使用，杀灭了天敌和导致其抗药性的产生与增强；气候变暖、农田可灌溉面积的扩大、大棚及温室等保护地的发展适宜烟粉虱的繁殖与蔓延，同时不断有新的、为害性更强的烟粉虱出现和传播。

烟粉虱的化学防治方法同白粉虱。

(8)蓟马对番茄商品性的影响及防治 蓟马主要为害叶片，传播番茄斑萎病毒病，导致果实失去商品价值。蓟马以成虫越冬为主，也有以若虫或蛹在地下或枯枝落叶中越冬。气温为25℃、空气相对湿度小于60%有利于蓟马的发生和为害。蓟马在幼虫期获得病毒，获毒期一般为30分钟，时间越长，获毒量越大，传毒效率越高。病毒在蓟马体内繁殖，经5～10天变为成虫后开始具有传毒能力。蓟马一旦带毒，传毒期长达20天，终生传毒。蓟马在为害番茄叶片的同时传播番茄斑萎病毒。

防治方法：在蓟马发生初期用2.5%多杀菌素乳油1 000倍液，或10%吡虫啉可湿性粉剂2 000倍液，或20%丁硫·克百威乳油600～1 000倍液，或21%增效氰·马乳油(灭杀毙)6 000倍液，或50%乐果乳油1 000倍液，或50%辛硫磷乳油1 000倍液，或20%氯·马乳油2 000倍液，或10%菊·马乳油1 500倍液，或10%溴·马乳油1 500倍液，或25%增效喹硫磷乳油1 000倍液喷雾防治。

(9)番茄斑潜蝇对番茄商品性的影响及防治 主要取食番茄叶肉,导致叶片光合能力下降,严重影响果实品质。番茄斑潜蝇是高杂食性害虫,为害茄科、葫芦科、十字花科等36科的多种蔬菜,是危险的六大害虫之一,应加强防治。该虫主要潜食叶肉为害,形成蜿蜒的食痕,严重时,潜痕密布,叶片发黄、焦枯、脱落。虫道终端不明显变宽,是该虫与线斑潜蝇、南美斑潜蝇、美洲斑潜蝇相区别的一个特征。从子叶期开始,整个生育期均可发生为害。在其发生高峰期,全田被害。每年可发生多代为害,夏秋季是番茄斑潜蝇的高发期,为害严重。老熟幼虫咬破叶片表皮在叶外或土表下化蛹、越冬。其防治方法如下。

①农业防治 严格检疫,不从疫区调运种子和种苗;清洁田园和田边杂草,进行高温堆沤或烧毁;定植无虫苗;与苦瓜、苋菜等抗虫作物轮作,减少番茄田间虫蛹量;与百合科等美洲斑潜蝇不喜食的蔬菜轮作;适当稀植,增加田间通透性;发现虫叶及时摘除销毁;勤中耕,增加灌水次数,消灭虫蛹;收获后及时清洁田园,把被斑潜蝇为害的作物残体集中深埋、沤肥或烧毁;利用斑潜蝇成虫的趋黄性,用黄板诱杀(每667平方米大棚用20厘米×30厘米的黄板30块)。

②药剂防治 关键是及早防治,重点抓好苗期的防治。喷药最好在上午9～11时进行。常用的药剂有昆虫生长调节剂5%抑太保2 000倍液或5%卡死克乳油2 000倍液,以降低成虫卵的孵化率和孵化幼虫的成活率。也可在番茄斑潜蝇发生为害初期每667平方米用10%灭蝇胺悬浮剂800倍液,或18%杀虫双水剂800～1 000倍液,或20%灭蝇·杀丹可溶性粉剂1 000～1 500倍液,或20%阿维·杀丹(斑潜净)微乳剂乳油500倍液,或48%乐斯本乳油800～1 000倍液,或25%斑潜净乳油1 500倍液,或5%锐劲特悬浮剂50～100毫升,或40%绿菜宝乳油700倍液喷洒,

每5～7天喷1次,连续喷2～3次。还可以用25%增效喹硫磷乳油1000倍液,或75%赛灭净可湿性粉剂5000倍液,或98%巴丹可溶性粉剂2000倍液,或20%速灭杀丁乳油1500倍液,或灭蝇王1000倍液,或1.8%爱福丁乳油3000倍液,或50%辛硫磷乳油1000倍液,或菜蝇净1500倍液,或功夫乳油1000倍液,或高效氯氰菊酯1000倍液,或3.5%苦皮素1000倍液,或蝇蛆净可湿性粉剂1000倍液喷洒,每隔5～7天喷1次,连续喷洒2～3次。

(10)小地老虎对番茄商品性的影响及防治 小地老虎又叫土蚕、截虫、切根虫,是我国分布最广、为害最重的地下害虫。番茄苗期被害,常造成缺苗断垄;结果期为害接触地面的果实,啃食成虫洞,使果实失去商品价值。刚孵化的幼虫聚集在番茄心叶或嫩叶处咬食,钻入土壤表层在夜间活动取食,以天刚亮露水最多时的清晨为害最凶,能将定植的幼苗齐地面咬断拉入土中,也能爬到苗株上咬断茎和嫩头,将一植株咬断后又立即咬食另一植株,造成大量缺苗断垄。小地老虎在粮田改为菜田和生茬菜田以及周围是粮田的菜田为害更重,应特别注意。其防治方法如下。

①农业防治 及时清除田内和地边杂草,减少成虫产卵,杜绝幼虫食料来源。加强田间管理,防止第一穗果实接触地面。清晨露水最多、幼虫为害最凶的时候进行人工捕捉,或扒开被害植株附近表土捕捉,如本株捕捉不到,可能潜入邻株,再扒开邻株周围表土捕捉。人工捕捉应几日内连续进行方有效,以后随植株长大为害减轻可停止捕捉。加强虫情预测预报,当第一代幼虫开始孵化时,要抓紧防治。早春用黑光灯、糖蜜(糖1份、酒2份、醋1份、水1份、90%敌百虫2份混合拌匀)、糖醋(糖3份、食醋3份、水10份,90%敌百虫3份混合,架放在菜田),于3月中旬前后开始于傍晚架放在菜田诱杀成虫。

②诱杀防治 可采用鲜草毒饵诱杀(将鲜嫩的青草或菜叶切碎,拌入1%～2%的90%敌百虫粉或90%久效磷乳油,于傍晚撒

入田间,诱杀幼虫效果良好)、麦麸毒饵诱杀(将麦麸炒香后,拌入2.5%的90%敌百虫或1%的杀灭菊酯,呈半湿状态,于傍晚撒入定植行间或茎周围)、堆草诱杀(将青草、蔬菜叶等堆入田间,堆径30～40厘米,第二天清晨可揭开草堆捕杀幼虫)、泡桐叶诱杀(将泡桐叶及其他大型叶片浸湿,每667平方米均匀放置100～200片,第二天清晨揭开叶片捕杀)、糖醋液(糖6份、酒1份、醋3份、水10份、90%敌百虫1份混合调匀,放入盆中,每667平方米放3～5盆,于3月中旬前后放在菜田内1.2米高处,每天补一次醋)诱杀成虫。

③药剂防治　每667平方米用5%辛硫磷粉剂或2%杀螟松粉剂1～2.5千克,取少量撒入定植穴内与土掺匀,或撒在栽植沟内与土掺匀,杀灭幼虫。喷药防治主要是杀灭还未钻入地下的幼虫,可喷洒2.5%敌百虫粉剂,或75%辛硫磷2000倍液,或杀灭菊酯2000倍液,或40%菊马乳油、40%菊杀乳油2000倍液等防治。

防治蝼蛄等可参照防治小地老虎的方法。

(11)蛴螬对番茄商品性的影响及防治　蛴螬又叫白土蚕,是一种地下害虫,主要为害蔬菜苗根和地下块茎和块根,也为害接触地面的番茄果实,咬食成虫洞,使蔬菜丧失商品价值。蛴螬的成虫对未腐熟的厩肥具有强烈的趋性,喜食腐熟的有机肥。蛴螬始终在地下活动,与土壤温、湿度关系密切,一般当10厘米地温为13℃～18℃时,上升至土壤表层,活动旺盛,高于23℃则向土壤深处移动。如土壤湿润,则蛴螬活动性强,尤其小雨连绵天气为害加重。

防治方法:对成虫可用黑光灯和糖醋液诱杀,或人工捕捉成虫;不施用未经过充分腐熟的有机肥,尤其是草粪;冬季深翻土地冻死、风干蛴螬,或利用天敌啄食蛴螬;合理灌溉,保持土壤含水量高于20%,迫使蛴螬向土壤深层转移,减少对地表番茄的为害;追施腐殖酸铵、氨化过磷酸钙等化学肥料,驱避蛴螬,以减少其为害;

成虫盛期叶面喷洒50%辛硫磷乳油1 000倍液，或25%增效喹硫磷乳油1 000倍液，或40%乐果乳油1 000倍液，或30%敌百虫乳油500倍液，或80%敌百虫可溶性粉剂1 000倍液，或2.5%敌杀死1 800倍液防治。也可用2.5%敌百虫粉2千克或5%辛硫磷颗粒2.5千克加细土30～40千克拌成毒土，撒在番茄根部杀虫；或用90%敌百虫晶体800倍液或50%辛硫磷乳油1 500倍液灌根杀虫。

(12)南亚寡鬃实蝇对番茄商品性的影响及防治　该虫主要为害瓜类，也为害番茄。产在番茄果实上的卵孵化后，在番茄内蛀食为害，导致番茄脱落，或提前转色，果实内部变褐，失去商品价值。该虫以蛹在土中越冬，翌年春季以为害早南瓜和西葫芦为主，其次为害番茄。成虫以产卵管刺入番茄果蒂部4毫米产卵，幼虫在果实内生长，通过虫果传播蔓延。

防治方法：加强虫害检疫；发现虫果及时摘除并深埋或销毁；对腐烂脱落果实附近的土壤要及时喷灌杀虫剂，防止蛹羽化出成虫；用放射性^{60}Co照射人工繁殖的瓜实蝇，然后大量释放到田间，干扰南亚寡鬃实蝇的繁殖，可减少田间虫量，减轻为害；成虫发生期在田间设置盛有0.1%水解蛋白的诱集盆，盆内加入0.1%敌百虫诱杀成虫，以减少虫源。也可用50%辛硫磷乳油1 500倍液或4%鱼藤精600倍液喷洒防治，每隔5天喷洒1次，连续喷2～3次。

9. 鼠害对番茄商品性有什么影响？怎样防治？

老鼠专门咬食红熟的番茄，影响上市，同时老鼠还能翻搅苗畦和畦埂、打洞，咬食种子，造成坑陷和死苗。

预防方法：在番茄田间地头、保护设施内及其附近避免堆放过多的杂物和食物，以减少老鼠藏匿；播种的种子要进行催芽，种子催芽后，如温度适宜，3～4 天即会出齐，在土内停留的时间短，可相对地减轻田鼠的为害；保护地北墙要夯打结实，玻璃窗框或薄膜要封闭严密，防止鼠类潜入；育苗前或定植后在苗床边或田间定点下老鼠药或老鼠夹子，捕杀老鼠。还可用磷化锌 1 份，麦粒、米饭或花生米等 50 份拌匀，或将少量药夹入花生米瓣内，滴上少量香油，或用普通的卫生鼠药在大棚边或老鼠经常出没的地方或棚外的墙边等定点投放，杀灭田鼠，减轻为害。

10. 鸟类为害对番茄商品性有什么影响？怎样预防？

鸟类常常啄食红熟的番茄，降低番茄的商品性，影响上市。

预防方法：加强管理和病虫害防治，保证有足够的叶片遮挡果实，使红果不外露；在进行绑蔓时，有意将果穗扭向窄行内或架子内侧，防止果实外露；进行网室、保护地栽培时，通风口和门口用网纱遮挡。如果用防虫网栽培，同时还能防止蚜虫和粉虱等的为害及传毒。一般远离树林、村庄、接近粮田大面积栽培的番茄遭受鸟类为害较轻。

11. 病虫害防治的施药方法及其优缺点是什么？

防治病虫害的用药方法主要有喷雾、喷粉和熏烟等方法，此外还有涂抹、灌根、注射等方法。后者应用较少，这里不作介绍。

喷雾的劳动强度大，药液含水量高，喷后易增加田间湿度，不适合阴天保护地和连续阴雨的露地使用。喷雾主要在露地和晴天温度较高时的保护地应用，水分容易蒸发，不会增加田间的湿度，引发新的病害。

喷粉的劳动强度较小，但叶背不容易喷到，有风时不能使用。一般在露地早晨露水未干时使用，或在阴天保护地内使用，不仅不会增加田间的湿度，还会降低田间湿度，抑制病害发生。

熏烟不需要药械，省工省力，药剂烟雾在田间分布均匀，熏杀彻底，防治效果好。但只能在保护地内晚上闭棚后使用，不增加田间湿度，有利于病害的防治，对人、畜安全、无公害。

12. 几种常用烟雾剂是怎样使用的?

保护地番茄常见的病害主要是早疫病、晚疫病、叶霉病和灰霉病，其虫害主要是蚜虫和白粉虱，可用烟雾剂农药对这些病虫害进行有效的防治。熏烟的时间一般是一个夜晚，但有些烟雾剂只要求熏蒸几个小时，时间过长容易发生药害，因此使用时一定要先看使用说明书。

(1)百菌清烟雾剂 即含有百菌清的各种易燃烟雾剂。可按说明点燃使用。如22%百菌清烟雾剂主要防治番茄早疫病、叶霉病和炭疽病。使用方法是:发病初期在傍晚将保护地门窗关闭，密闭通风口，将100克袋装烟雾剂每隔25米放在干燥的裸露地面上(如地面湿可放一干燥砖头上)均匀分布，用火柴点燃，即可产生浓烈烟雾，各燃放点点燃完毕，闭门离开。一般每667平方米每次用药量250～450克，每7～10天熏烟1次，连熏3～5次即可取得防效。

(2)速克灵烟雾剂 即含有速克灵的各种易燃烟雾剂。如20%速克灵烟雾剂对防治番茄灰霉病效果明显，对番茄植株具有很好的保护和治疗作用，并能杀灭侵入作物组织内部的病原菌，可防止早期病斑的发生和扩展。此药必须在未发病和发病初期使用，每次每667平方米用药量为150～200克，每7～10天熏1次。使用方法同百菌清烟雾剂。

(3)百速高效复合烟剂 即含有百菌清和速克灵的各种复合烟剂。如20%百速高效复合烟剂，每片20克，每次每667平方米大棚需用8～10片，每7～10天熏1次，可防治番茄早疫病、晚疫病、炭疽病、叶霉病、灰霉病、菌核病等各种病害。

(4)灭蚜灵烟雾剂 即含有灭蚜灵的各种烟雾剂。如22%灭蚜灵烟雾剂对蚜虫和白粉虱防效达90%～100%。灭蚜灵烟雾剂采用灭蚜灵和烟雾剂分开包装，它用袋包装烟雾剂150克，用瓶装灭蚜灵乳油250克。使用时每袋烟雾剂加50克灭蚜灵乳油（即50毫升）拌匀，后用牛皮纸包成两包，每隔30米放一包，傍晚收工前关闭大棚门窗，由里向外点燃，即可产生浓烈烟雾。

八、采收与番茄商品性

1. 采收时期对番茄商品性有什么影响？

番茄果实成熟的过程，是果色由绿变红，叶绿素减少至消失、茄红素等色素逐渐增加，蛋白质变为可溶性的氨基酸，果实内含糖量上升，全酸量（主要是有机酸）逐渐减少、乙烯产生、味由酸变甜的过程。在这个过程中，果实品质不断提高，硬度在达到一定成熟阶段后逐渐下降，耐贮运性逐渐变差。生产上可根据销售、贮藏、运输和茬口安排的需要适时采收，实现番茄优质、丰产、高效益。

番茄从开花到果实成熟所需的时间与品种、气温、光照都有关系，一般早熟品种成熟快。气温低、光照差、养分积累不足和植株徒长时成熟慢。番茄从开花至果实成熟需40～60天，早熟品种为40～50天，晚熟品种为50～60天。樱桃番茄开花后至成熟大概需要35天，高温期只需要25天左右。其成熟过程大体分为以下5个时期。

(1)绿熟期 也叫白熟期，果实已充分长大，不再增大，果皮有光泽。种子发育完成，种子周围胶囊形成，果实顶部发白，整个果实由绿色转成白绿色。可以进行人工催熟或采收贮藏。

(2)变色期 果实大部分白绿色，顶部开始变红的时期。此期种子基本成熟，果实坚硬，耐运输，风味好，稍酸。采后不能随即上市销售，可以进行较长距离的运输，有待后熟后上市。

(3)半熟期 果表面约50%着色，或虽然着色，但色泽浅，远没有达到品种应有的颜色；果实坚硬，耐运输，已经具有食用价值。适宜短距离运输或就近上市销售。

(4)坚熟期 整果着色，呈现出品种应有的色泽，肉质较硬、尚未软化，营养价值高，生食最佳。此期种子已成熟。须及时采收出售。这是一般鲜食番茄就近销售或短距离运输的最佳采收期，也是加工番茄的适宜采收期。

(5)完熟期 果实全部变成红色，色泽深，光泽度稍差，果肉软化，含糖量增高，甜度大，适合煲汤，汤汁色深。种子充分成熟饱满。耐贮运性差，适合就近当日销售和采种。

达不到绿熟期的番茄果实没有充分发育，品质欠佳；完熟期过后，果实严重软化，色泽发暗，失去番茄固有的风味和食用价值，只能够用作采种，即使一些硬果型品种，虽然果肉没有软化，但胎座部分已成水浸状，食味变淡，失去了食用价值。樱桃番茄多用作生食，最佳采收期在坚熟期，完熟期以前消费完毕。番茄果实成熟属呼吸跃变型，呼吸高峰始于转色期，在半熟期达最高值，并具后熟现象，乙烯利催熟过的番茄成熟速度加快，很容易变软，耐贮运性降低，这种现象在高温期表现尤为明显。

2. 适时早采收对番茄商品性有什么影响？

番茄是陆续开花、连续结果的作物，各层花序及同一花序不同花(果)之间营养生长和生殖生长之间存在着激烈的养分争夺，及时采收有利于植株和上部番茄果实的生长和发育，雨前早采收还能减少裂果，提高番茄果实商品性和产量。

(1)在炎热的夏季适当早采 夏季田间温度常在30℃以上，植株生长不良，也不利于番茄着色，在变色期采收，不仅可以减少植株养分消耗，促进生长，而且可增强植株抗热能力。此时采收的果实硬度大，可进行长距离运输。在运输过程中或摆放在凉棚下，由于遮荫，温度较低，经1～2天果实即可自然转色，其商品性状比在田间自然长红还要好，品质没有差别。

(2)严冬季节适当早采收 在严冬季节日光温室番茄生产中，也存在着与夏季同样的问题。由于低温弱光，番茄生长势弱，果实转色缓慢，并且转色后在植株上挂很久也不会变软，因此一旦果实颜色达到或接近商品果标准就要采收，适当早采收有利于植株的生长和提高抗寒性。

(3)雨前早采收 露地番茄进入绿熟期以后，如遇雨或浇大水、空气湿度大等，很容易裂果。为了减少裂果造成的损失，生产上要经常收听天气预报，下雨前及时将进入变色期或绿熟期的果实采收，放置室内自然红熟后上市。

3. 采收间隔期对番茄商品性有什么影响?

番茄是连续结果、成熟采收的作物，一般同一花序上的果实成熟期接近，花序之间的果实成熟期相差也不大，自封顶番茄品种每个花序间成熟期接连不断，无限生长品种两花序间成熟期会有间隔，但不很明显，只是在两花序之间采收数量会比同一花序成熟时的少一些。

一般在高温期要求每天采收一次，春秋季节每1～2天采收一次，低温期可根据情况适当延长采收间隔期。这样采收的果实成熟度一致，色泽均匀，商品外观优良，有利于销售。防止采收间隔期过长时，番茄的成熟度差别大，完熟的果实不耐挤压，影响贮藏和运输。

4. 采收时间对番茄商品性有什么影响?

番茄的适宜采收时间与气温和田间水分情况有关。春秋季节，一天之中，在下午气温下降后采收比较适宜。早上田间露水大时不宜采收，虽然此时果实水分含量充足，有分量，但若此时采收，不仅传播病害，而且轻微的震动即可导致裂果，影响果实的耐贮性和商品性。中午温度高，果实的温度也高，水分损失多，果肉易发软，果面光泽度差，果柄难摘，勉强拽下，很容易碰伤果实；同时，由于采收时果实温度高，成熟加快，容易变软，将降低耐贮运性和商品性。

夏季以无露水的早上或傍晚采收为宜。此时采收的果实温度低,耐贮藏和运输能力强。如果采收成熟度稍差的番茄,可以在高温期进行,有利于果实后熟转色,但采下的果实不能放在烈日下暴晒,要放在荫棚下或进行覆盖遮荫,以防果实未熟先变软。

番茄应在暴雨之前采收或先采收后浇水,因为即将成熟或已经成熟的番茄遇雨水或浇水,果实吸水量大,加上田间湿度大,很容易裂果,降低产量。因此,最好经常收听天气预报,在暴雨来临之前采收,或采收后再浇水。

5. 采收方法对番茄商品性有什么影响?

番茄为多浆果实,成熟的番茄不耐挤压,也经不住果柄的顶扎,因此采收成熟的番茄时最好不带果柄。如果采收的果实采用礼品盒包装,或采收绿熟期的果实进行催熟,则可以带果柄。绿熟期果实在催熟翻拣的过程中要注意摆放方式,防止扎破相邻的果实。成熟上市时再去掉果柄,果蒂部看起来很新鲜,这样可提高贮藏和催熟番茄的商品性。

采收番茄时,一只手抓牢果实,另一只手轻推果柄,轻轻一转,即可把果实摘下。注意不要用一只手去采摘番茄,这样很容易压伤果面。如果果柄没有摘掉,剩下的部分很短,难以去掉,如过分用力则很容易弄破果蒂部而影响商品性。采收番茄一般不使用剪刀和刀,因为剪后的果柄仍有可能顶伤其他果实。带果柄采收时也可用一只手抓住果实,大拇指抵住果柄节处向内向下轻推即可摘下。对于无果柄节的番茄品种,带果柄采摘时则必须用剪刀剪下。对成串采摘的番茄,一般在果穗中最后一个果实转色后采收,采收时一只手托住果穗,另一只手用剪刀将整穗番茄剪下。樱桃番茄果实小、重量轻、果柄细小,果肉硬的品种不易扎伤,可带果柄采收;对于果肉软的品种,最好还是去掉果柄。

采收番茄要注意以下事项：①采收时轻握番茄果实，防止用力过大挤裂或挤伤果实。②防止果实跌落地面摔伤或沾染病菌。③防止指甲划伤果皮。④采后番茄果肩应朝下，轻轻摆放在贮藏容器中，防止抛扔而挤伤果肉，降低果实耐贮性和影响商品外观。

6. 为什么番茄采收后要先分级再上市销售？

生产上虽然要求通过疏花疏果达到番茄大小均匀，但由于番茄植株生长和果实发育的差别，决定了果实大小、形状、色泽、成熟度存在着一定的差别，因此采收后上市销售前要进行分级，实行优质优价。番茄采收后一般是按照果实的大小、形状和色泽进行分级。大小或色泽一致、果面光滑的果实，具有优良的商品外观。大小适中（鲜食番茄 250 克左右）、色泽鲜亮均匀、果面光滑无棱的果实最受市场欢迎，销售价格最高。

7. 采收后的包装对番茄商品性有什么影响？

采收后的包装直接影响番茄商品外观的表现。要求包装物清洁、无污染、无尖利物、无棱沟等，防止采后番茄受二次污染（即受到包装物上的农药、化学试剂和气体等的污染）和被扎伤、挤伤和摁伤等。一般采用纸箱、塑料筐包装，如采用其他器物包装时，内壁要用厚塑料布、无纺布等衬垫，防止碰伤番茄。包装箱的大小以每箱 15 千克左右为宜，每箱装番茄 3～4 层，这样既方便搬运，又可减轻番茄间的挤压损伤。

一般大果型番茄果大、柄小而硬，容易相互挤压碰破果皮，采收时不适宜带果柄。对中小果型硬果品种，如带果柄采摘后采用小包装，每箱装 2 层，使果脐相对，以尽量减少扎伤。

8. 番茄采收后的贮藏技术对番茄商品性有什么影响？

(1)半熟期以前成熟度较差的果实和拉秧时采下的果实的贮藏 贮藏前要进行严格挑选。一般绿熟期至顶红期的番茄果实耐贮性、抗病性较强；果实硬度大、种子腔小、种子少、含糖量高的果实较耐贮存；用于贮存的果实必须无扎伤、无病虫害、外观完好、表面不带水珠。

冬季用于贮存的番茄不能遭受6℃以下的低温冷害，夏季用于贮存的番茄不能遭受高温灼伤。采收前，如果番茄病害严重可喷药，1～2天后再采摘，也可采下后用瑞毒霉、百菌清或多菌灵500～600倍液擦洗果面，晾干水珠后再贮藏；落果在进行消毒处理后再贮藏，防止发病。贮藏的方式有沟藏、筐藏、袋藏等，贮藏温度为13℃～20℃，每7天翻拣一次，挑出成熟果销售。贮藏销售期一般可达1个月。绿熟果实如遭受6℃～8℃的低温冷害时，果实表面出现水浸状斑点，随后下陷、腐烂，果蒂周围变成浅褐色，严重时产生白霉或青霉；如冻害再加重，水分外渗，整个果实呈半透明水浸状腐败。实践证明，绿熟果在8℃以下长时间存放，果实只腐烂不红熟，因此果实可以先放在13℃～15℃的条件下缓慢红熟后再放到5℃～7℃条件下贮存。

(2)成熟果实的贮藏 番茄性喜温暖，成熟果实可贮存在5℃～7℃的温度条件下，以减少呼吸消耗，这样一般可存放15～20天。成熟番茄果实长期贮藏在低温条件下也会发生低温冷害，果面常出现塌陷斑，最后失去商品价值。

(3)贮存湿度 果实在自然条件下存放，因空气湿度低，蒸腾作用会使果实失水过多，果皮变皱，香味变淡，鲜度和亮度减低。最适于贮存的空气相对湿度为85%～90%，这种湿度一般覆盖薄膜很易达到。

9. 番茄采后运输过程对番茄商品性有什么影响?

番茄是多浆果实，细胞含水量大，运输过程中的震动常引起果实相互挤压。对番茄商品性影响最大的是挤破果肉细胞，导致细胞液外流而软化，因而更容易腐烂，其次是挤裂果实，第三是运输过程中的温度难以控制，果实呼吸成熟加快，容易变软。因此番茄对运输条件的要求较高，一是最好近距离销售；二是运输道路要平坦；三是运输车最好具有温度控制设备，以减少运输损耗。四是采取适量的小包装。

九、安全生产与番茄商品性

1. 安全生产与番茄商品性的关系是怎样的？

随着生产的发展和人们生活水平的提高，消费者对番茄的品质要求越来越高。如生产中使用禁用农药和达不到安全间隔期的番茄产品将丧失商品性。

市场上销售的具有一定商品价值的番茄起码要达到无公害蔬菜的标准，即番茄中的农药残留、重金属、硝酸盐等各种污染及有害物质的含量，经测定在国家规定的限量范围内，食用后不足以对人体健康造成危害。在无公害番茄的基础上，限制农药、化肥的使用数量和次数，生产出的安全、优质、营养类绿色级番茄，让消费者更加放心，市场销路看好。按照有机农业生产体系要求，在完全不施用人工合成的农药、肥料、生长调节剂的有机农业生产体系条件下生产的有机番茄，很受消费者推崇，但由于生产成本高，目前还不能在生产和消费市场上大量推广。

2. 安全使用农药与番茄商品性的关系是怎样的？

蔬菜生产应严格遵守无公害操作规程，禁用高毒、高残留和低毒高残留农药，对允许使用的农药还必须严格遵守安全使用规定，通过提高施药水平达到无公害蔬菜标准要求和达到高产、优质的目的。

蔬菜上应用的农药品种越来越多，由于蔬菜的根、茎、叶、花、果可作为食用部分，有的还可生食。因此，在生产上应使用蔬菜准用农药，并且施药后通过安全间隔期的产品才能收获上市。

(1)番茄生产中禁止使用的农药 所有蔬菜作物上禁止使用的农药都不能应用于番茄生产。在番茄生产中应用禁用农药，将使产品失去商品价值。

番茄生产中禁用的农药有六六六、DDT、氯丹、五氯酚钠、三氯杀螨醇、甲基对硫磷、对硫磷、内吸磷、甲胺磷、久效磷、磷胺、异丙磷、三硫磷、氧化乐果、水胺硫磷、甲拌磷(3911)、磷化锌、氟乙酰胺、涕灭威、克百威、灭多威、磷化铅、治螟磷、杀虫脒、杀螟磷、氰化物、溃疡净、有机汞制剂、西力生、赛力散等。这些农药多为剧毒农药，高毒、残效期长和能够造成积累中毒的农药，以及低毒、残效期长、能造成积累性中毒的农药。

近年来，根据生产需要研究出了生产上可以替代高毒农药的高效杀虫剂。如广谱杀虫剂甲基对硫磷、甲胺磷的可替代农药有生物农药毒死蜱、氯氰菊酯等，化学农药复混农药敌敌畏＋Bt或氯氟氰菊酯(低龄期用药效果好)。生物农药和化学农药轮换使用，多用生物农药，用防止害虫产生抗药性。豆荚螟早上6～8时出荚觅食，此时可喷触杀药防治。黄条跳甲和黄守瓜可用敌敌畏、毒死蜱、氯氰菊酯、辛硫磷等防治；蚜虫、白粉虱用扑虱蚜、敌敌畏等。三氯杀螨醇可用克百威、阿维菌素等代替；氧化乐果可用扑虱灵、乐果代替杀灭蓟马；呋喃丹可用米乐尔、敌磺钠代替等。

(2)在蔬菜生产中可使用的农药 杀虫剂有Bt系列、阿维菌素系列、除虫菊酯类、植物提取物类、昆虫激素类(虫酰肼、氟虫脲、氟啶脲)，少数有机磷农药(乐果、敌百虫、辛硫磷、毒死蜱)以及杀虫双、吡虫啉等。杀菌剂有多菌灵、托布津、春·王铜、霜脲氰·锰锌、代森锰锌、氟硅唑、氢氧化铜、波尔多液、农用链霉素等。

(3)生产中使用农药时要注意安全间隔期 很多菜农在用农药防治病虫害时，往往不注意蔬菜上市前的使用间隔时间，造成蔬菜上的农药残留量大。现将农业部农药检定所在蔬菜上常使用的农药合理使用标准(上市前间隔时间)介绍如下，生产者在番茄生产中要认真遵照执行。

杀菌剂:75%百菌清可湿性粉剂为上市前7天,77%可杀得可湿性粉剂上市前3～5天,50%扑海因可湿性粉剂上市前4～7天;70%甲基托布津可湿性粉剂上市前5～7天,50%乙烯菌核利可湿性粉剂上市前4～5天,50%加瑞农、58%瑞毒霉锰锌可湿性粉剂上市前2～3天,64%杀毒矾可湿性粉剂上市前3～4天。

杀虫剂:10%氯氰菊酯乳油在上市前2～5天,2.5%溴氯菊酯上市前2天,2.5%三氟氯氰菊酯乳油上市前7天,5%来福灵乳油上市前3天,5%抗蚜威可湿性粉剂上市前6天,1.8%阿维菌素乳油上市前7天,10%快杀敌乳油上市前3天,40.7%毒死蜱乳油上市前7天,20%氰戊菊酯乳油上市前5天,35%优杀硫磷上市前7天,20%甲氰菊酯乳油上市前3天,10%氟氯氰菊酯乳油上市前7天,25%喹硫磷乳油上市前9天,50%抗蚜威可湿性粉剂上市前6天,5%醚菊酯可湿性粉剂上市前7天。

杀螨剂:50%溴螨酯乳油上市前14天;50%苯丁锡可湿性粉剂上市前7天。

3. 农药毒性标准划分与番茄商品性的关系是怎样的?

农药是防治农、林、花卉作物病、虫、鼠、草和其他有害生物的化学制剂,使用极为广泛。所有农药对人、畜、禽、鱼和其他养殖动物都有毒害。使用不当常引起中毒死亡。番茄是可以鲜食的蔬菜,生产上更应该注重农药的使用,严禁使用剧毒农药和高残留农药。

农药的毒性可分为急性毒性和慢性毒性。急性毒性是指一次口服、皮肤接触或通过呼吸道吸入等途径,接收了一定剂量的农药,在短时间内能引起急性病理反应的毒性。慢性毒性是指低于急性中毒剂量的农药,被长时间连续使用、接触或吸入而进入人、畜体内，引起慢性病理反应。

通常以致死剂量或致死浓度作指标来衡量农药毒性的大小。致死量是指人、畜吸入农药后中毒死亡的农药数量；急性程度的指标是以致死中量或致死中浓度，即半致死量来表示（符号 LD_{50}），均以每千克体重吸入农药的毫克数表示。体重越大中毒死亡所需的药量就越大；中毒所需农药剂量越小，其毒性越大；反之，中毒所需农药剂量越大，其毒性越小。

根据农药致死中量（LD_{50}）的多少可将农药的毒性分为以下五级：

(1)剧毒农药 LD_{50}值为 1～50 毫克/千克，如久效磷、磷胺、甲胺磷、甲拌磷等。

(2)高毒农药 LD_{50}值为 51～100 毫克/千克，如呋喃丹、氟乙酰胺、氰化物、磷化锌、磷化铝等。

(3)中毒农药 LD_{50}值为 101～500 毫克/千克，如乐果、敌克松、菊酯类农药等。

(4)低毒农药 LD_{50}值为 501～5 000 毫克/千克，如敌百虫、杀虫双、辛硫磷、乙酰甲胺磷、二甲四氯、丁草胺、草甘膦、托布津、氟乐灵、苯达松等。

(5)微毒农药 LD_{50}值为 5 000 毫克/千克以上，如多菌灵、百菌清、乙磷铝、代森锌等。

在实际生产中，广大农民在购买和使用农药防治病、虫、草害时，一定要按照说明书上的要求或在技术人员的指导下使用，千万不能随意更改使用方法。

4. 怎样使用农药才能提高番茄商品性？

使用农药防治病虫害要想起到事半功倍的效果，既不增加农药用量，又可提高病虫防治效果，减轻农药对番茄和环境的污染，提高番茄的卫生品质，必须做到适时适法施用农药。

(1)适时用药　杀虫剂的使用适期一般在害虫3龄以前；钻蛀性害虫（棉铃虫、食心虫、斑潜蝇、葱蓟马等）则在卵孵化高峰期使用农药；对成虫则可采用性诱剂。要根据不同气候条件用药，如敌百虫、乐果、辛硫磷的防治效果可随着温度的升高而提高；三氟氯氰菊酯、溴氰菊酯、联苯菊酯、氟氯氰菊酯等拟除虫菊酯类杀虫剂在温度较低时防效较好，故应在早晨或傍晚使用。要根据农药的性能进行针对性的用药，具有内吸、输导功能的杀虫剂、杀菌剂、除草剂和生长调节剂，在田间光照较弱、温度低、湿度开始升高时使用防效好，应在下午或傍晚使用；微生物杀虫剂对光照、湿度敏感，应选择雾天、露水较多时用药较好。根据蔬菜病害的特点选择杀菌剂的最佳用药时期，在病害危害最重、产量损失较重之前进行农药防治；使用保护性杀菌剂时，如对病毒病的防治，应在发病前打药。根据用药后栽培管理的效果选择最佳用药时间；温室施药在上午进行，以利于排湿；露地避免雨前用药，防止雨水冲淡药液等。

(2)适法用药　对地下害虫可通过拌种、撒毒饵（毒土）、灌根、土壤处理等方法防治；温汤浸种、药剂拌种可预防种子带菌；保护地采用喷雾、烟雾、喷粉防治病虫害；对霜霉病、灰霉病、疫病、白粉病、赤霉病、黑霉病、青霉病和锈病等重点喷叶背面，而对炭疽病、轮纹病、叶枯病、叶腐病和叶斑病等着重喷叶正面。在农药中加入0.3%食盐或在阿维菌素系列农药中加入适量的丹铜可增强渗透力，对斑潜蝇的杀灭力更大。在苦参碱中加入0.5%白糖可增强参碱的黏着力，对白粉虱更有效。

5. 选择无公害蔬菜农药和提高番茄商品性的关系是怎样的？

选择无公害蔬菜农药并按照无公害使用标准、浓度、使用次数和使用安全间隔期进行使用，才能生产出符合无公害要求的番茄产品，提高番茄商品性。

(1)生产无公害蔬菜对农药的要求 一是高效、速效性。二是安全性，包括低毒、低残留，药剂可在自然界迅速消解(如水解、光解或微生物分解)，不污染环境，还包括对田地、授粉昆虫等伤害小，对蔬菜不产生药害。三是广谱性，不仅对多种类别害虫有效，且对害虫各虫态有效。四是选择性，即对某种(某类)害虫具有高选择性的药剂，当该种害虫大发生时，可针对性用药，如抗蚜威。五是不易产生抗性或交互抗性。六是结构新颖，作用机制独特。

(2)适用于无公害蔬菜生产的农药类别 一是生物农药，这是无公害蔬菜首选的农药。生物农药对害虫具有控制特效，且安全性极高，具有高效、低毒、无残留和抗药性产生慢等优点。如细菌杀虫剂 Bt(苏云金杆菌)、抗生素类杀虫剂、阿维菌素、烟参碱等植物杀虫剂；真菌杀虫剂(白僵菌)；昆虫病毒杀虫剂及昆虫信息素类(如性诱剂)。二是现代概念的植物源农药，即对害虫有拒食、趋避、阻碍发育、干扰生殖等特异作用的植物提取物(如印楝素、川楝素)。三是昆虫生长调节剂，可通过阻碍害虫蜕皮、干扰发育起到控制作用，对人及高等动物无害，对天敌影响小，对环境安全，如氟啶脲、除虫脲、噻嗪酮等药剂已广泛应用，新品种如灭蝇胺、虫酰肼也已开始推广。四是高效、速效、低残留药剂，如拟除虫菊酯类，特别是一些新品种，如四溴菊酯防治蔬菜害虫稀释浓度可达 8 000～10 000 倍，且低残留，安全间隔期短。五是新型杀虫剂，这类杀虫剂的结构、作用机制独特，对抗性害虫高效，如吡虫啉已广泛应用。又如阿克泰是新一代的强内吸、低毒、高效杀虫剂，防治白粉虱具有特效，稀释浓度达 5 000 倍。六是新型抗生素类制剂，如多杀霉素对抗性蔬菜害虫具有高效速效性，但对人和高等动物非常安全，且安全间隔期短，非常适合在菜田中使用。七是高效速效强选择性药剂，如氨基甲酸酯类的抗蚜威只对蚜虫表现出高效(具有熏杀、胃毒、熏蒸三重作用)，对其他生物无害，并且残效期短，对作物和菜田安全，是生产无公害蔬菜、维护菜田生态平衡的理想药剂。

6. 降低番茄重金属含量和提高番茄商品性的关系是怎样的?

在番茄的质量检测指标中,重金属含量是主要指标之一。如含量超过国家规定的指标,将会降低番茄等级或丧失商品价值,给生产带来巨大损失。重金属的来源主要与栽培土壤有关。因此,种植之前首先一定要对当地土壤重金属含量进行化验分析,这在一些矿区发展番茄生产显得更为重要,不符合要求的土壤不能进行番茄生产。其次,不能用被污染的水源浇灌番茄,防止污水中重金属超标。第三,被污染的空气、周围工厂排出的废气中也会含有重金属等污染物,产地最好远离工厂。第四,使用的肥料要注意安全,如一些生活垃圾以及在牲畜饲喂过程中加入含有砷等重金属添加剂的动物粪便等不能用于番茄施肥。总之,在生产上一定要注重生产环境和使用肥料的安全,降低重金属污染,提高番茄商品性。

7. 番茄硝酸盐含量对番茄商品性有什么影响? 怎样解决?

在番茄的质量检测指标中,硝酸盐含量也是主要指标之一。如含量超过国家规定的指标,将会降低番茄等级或丧失商品价值,给生产带来巨大损失。番茄中硝酸盐的来源主要是肥料,因此加强施肥管理、合理追肥等可减少番茄中硝酸盐的积累,降低硝酸盐含量,提高番茄品质和商品价值。

一般蔬菜中硝酸盐的积累依硝酸钠、硝酸铵、尿素、氯化铵次序逐步递减。随着氮肥追施时间的推移,蔬菜体内硝酸盐含量有逐步减少的趋势,到追肥 18 天后,蔬菜内的硝酸盐含量已达绿色标准,因此采前 20 天停用为宜。平衡施肥可降低硝酸盐含量。氮磷配合、喷施微肥、增施钾肥或有机肥等,均可减少硝酸盐的含量。

十、标准化生产与番茄商品性

1. 我国蔬菜的生产标准与番茄商品性的关系是怎样的?

目前,我国蔬菜生产标准分3级,即无公害蔬菜生产标准、绿色蔬菜生产标准和有机蔬菜生产标准。按照这些标准生产出的蔬菜分别叫无公害蔬菜、绿色蔬菜和有机蔬菜,这些蔬菜商品间的价格和市场信誉度有明显差别,即有机蔬菜>绿色蔬菜>无公害蔬菜。在生产过程中,要求必须建立生产管理档案,以便追溯产品来源。

无公害蔬菜是指按照无公害生产规定的环境条件、规定的生产技术规程生产的蔬菜,有毒有害物质含量控制在标准规定限量范围之内、食用安全的商品蔬菜,也可以称为达标菜或放心蔬菜,即为满足一般安全食用的蔬菜。

绿色蔬菜包括在无公害蔬菜范围之内,比无公害蔬菜标准要严格得多,可满足较高安全食用层次的要求。绿色蔬菜分为绿A和绿AA两种等级,其中绿A级对蔬菜生长环境和农药化肥的使用有严格的限制,无论安全性和品质都高于达标菜;绿AA级是严禁使用任何化肥、农药,以较原始自然的方式种植的蔬菜。这两个标志必须由农业部绿色农产品办公室认证并授权使用。

有机蔬菜是高等级的绿色蔬菜,比绿色蔬菜的品质更高,其种植地块必须是不曾耕种过的土地或在种植前要有3年的转换期,转换期中不能施用任何人工合成的化肥、化学农药、除草剂等,不能使用转基因蔬菜品种,土壤和水源中的有害物质也不能超过规定标准。

番茄生产的标准和其他蔬菜一样，商品性状受生产标准的影响，价格差别较大。

2. 无公害蔬菜生产标准与番茄商品性的关系是怎样的？

按照无公害蔬菜生产标准生产的番茄，叫无公害番茄。为了区别于普通番茄，在上市时要使用无公害番茄标志。目前，国内市场上销售的绝大多数是无公害番茄。

要实现无公害番茄生产，生产出符合蔬菜无公害指标、品味好、外观美、维生素和可溶性糖含量高、符合商品营养要求、可保证人们食菜安全的无公害番茄，就要做到以下几个方面。

(1)对番茄病虫害进行综合治理 为了做到既能控制病虫的危害，又能保证农药残留符合卫生标准，必须积极推广低毒的生物农药；推广抗性品种，重视农业防治措施；禁用高毒农药，科学应用化学农药；保护和利用害虫天敌，保护生态环境。

(2)提高番茄肥料施用技术 为了既保证蔬菜的优质，又确保番茄硝酸盐含量不超过标准，有机肥要充足，粪肥一定要腐熟后再施用，氮、磷、钾肥搭施合理，积极推广施用复合肥或测土配方施肥。

(3)加强环境保护工作 番茄基地必须合理规划。菜田选择在无“三废”污染的清洁地区；对目前已被污染地区应设法调整，加强城市附近番茄田的基本建设，做到菜田清洁、排灌分家。

(4)包装、贮藏和运输要清洁卫生 采用符合食品卫生标准的包装材料、贮藏环境清洁和选用无污染的交通运输工具，不与其他有毒有害物品混装混运。

(5)建立番茄质量检查、监督等管理制度和机构 通过对番茄质量的卫生和营养品质等的检查，实现以下3项卫生指标：一是农药残留不超标，无公害番茄不含禁用的高毒农药，其他农药残留不超过标准允许量；二是硝酸盐含量不超标，食用蔬菜番茄中硝酸盐含量不超过标准允许量，一般控制在432毫克/千克以下；三是“三废”等有害物质含量不超标，重金属含量和病原微生物等含量不超过标准允许量，不合格者不能上市，以确保安全。

此外，要加强无公害番茄生产的有关技术研究工作。

3. 绿色蔬菜生产标准与番茄商品性的关系是怎样的？

按照绿色食品生产条件生产出的番茄叫“绿色番茄”，产品的综合性状和市场价格等均优于无公害番茄，为了体现优质优价，其产品上市时要有明显的绿色番茄标志。目前，国内一些大的蔬菜示范园区为适应市场要求，在番茄的生产过程中严格按照绿色番茄的标准进行管理，注册了一批绿色番茄，很受市场欢迎。绿色番茄发展前景广阔。生产绿色番茄必须具备以下条件。

(1)产地必须符合绿色食品生态环境质量标准 生长区域内没有工业企业的直接污染，水域上游、上风口没有污染源对该区域构成污染威胁。该区域内的大气、土壤、水质均符合绿色食品生态环境标准。并有一套保证措施，确保该区域在今后的生产过程中环境质量不下降。

(2)生产过程必须符合绿色食品生产操作规程 农药、肥料、植物生长调节剂等生产资料的使用必须符合《生产绿色食品的农药使用准则》和《生产绿色食品的肥料使用准则》。

(3)生产的番茄必须符合绿色食品产品标准 必须由中国绿色食品发展中心指定的食品监测部门依据绿色食品产品标准监测合格。

(4)产品的包装、贮运必须符合绿色食品包装贮运标准 产品的外包装除了必须符合国家食品标签通用标准外，还必须符合绿色食品包装和标签标准。

4. 有机蔬菜生产标准与番茄商品性的关系是怎样的?

按照有机蔬菜生产标准生产的有机番茄近年来很受市场青睐,但必须具有有机番茄认证基地的有机番茄生产标志。有机食品是一类真正源于自然、富营养、高品质的环保型安全食品。由于生产有机番茄对栽培环境和生产全过程的要求很严格,因此达到有机番茄标准并进行注册的单位和基地很少,在目前以追求产量为主的番茄生产中,有机番茄的发展受到一定限制,相信随着社会的发展、人民群众生活水平的提高和人类追求健康、安全观念的增强,有机番茄的生产将得到良好的发展。

有机农业是一种完全不用化学合成的肥料、农药和生长调节剂,也不使用基因工程生物及其产物的生产体系,其核心是建立和恢复农业生态系统的生物多样性和良性循环,以维持农业的可持续发展。在有机农业生产体系中,作物秸秆、畜禽粪肥、豆科作物、绿肥和有机废弃物是土壤肥力的主要来源;作物轮作以及各种物理、生物和生态措施是控制杂草和病虫害的主要手段。有机农业生产体系的建立需要有一个有机转换的过程。

有机食品与国内其他优质食品最显著的差别是:前者在其生产和加工过程中绝对禁止使用农药、化肥、激素等人工合成物质,后者则允许有限制地使用这些物质。因此,有机食品的生产要比其他食品难得多,需要建立全新的生产体系,采用相应的替代技术。

有机番茄生产基地认证的基本要求是:生产基地在最近3年内未使用过农药、化肥等违禁物质;种子或种苗来自于自然界,未经基因工程技术改造过;生产基地应建立长期的土地培肥、植物保护、作物轮作和畜禽养殖计划;生产基地无水土流失、风蚀及其他环境问题;作物在收获、清洁、干燥、贮存和运输过程中应避免污染；从常规生产系统向有机生产转换通常需要 2 年以上的时间，新开荒地、撂荒地需至少经 12 个月的转换期才有可能获得颁证；在生产和流通过程中，必须有完善的质量控制和跟踪审查体系，并有完整的生产和销售记录档案。

5. 番茄的国际标准对我国番茄商品性生产的影响是什么？

番茄的国际标准要求：合格的番茄的形状不论是圆形、带棱的、椭圆形或细长形、樱桃番茄或鸡尾酒番茄，必须外形完整、外观完好，表面清洁且无多余水分，无残留农药或受农药损伤迹象，无异味、新鲜。就成熟度而言，番茄生长期应充足，达到充分的自然成熟状态。此外，番茄应经得起运输过程中的折腾，运抵目的地后要状况良好。对达到标准的番茄又划分了质量等级，以质论价。特等番茄是品质最好的番茄，其果肉必须柔韧，而且在形状、外观以及生长情况方面绝对优秀。这种番茄必须大小一致，呈现成熟色泽，且表面无明显瑕疵。一等番茄果肉必须柔韧，在形状、外观以及生长情况方面基本令人满意。该等级的番茄也应大小一致，且表面无裂缝和明显瑕疵，但允许有一些轻微缺陷，比如形状略不规范，颜色略微逊色，表面有轻微擦痕等。二等番茄的质量比不上前两个等级，但也应满足前面提到的基本质量要求。其目的是保护番茄进口国的利益。

我国是世界第三大番茄生产国，又是世贸组织成员国，目前以番茄酱等加工制品的出口为主，鲜食番茄的出口数量并不大。相信随着科技的进步，以及耐贮运新品种和先进栽培技术的推广应用，生产符合国际标准的番茄产品，尽早与国际标准接轨，我国鲜食番茄出口数量将很快得到大幅度的提高，在国际番茄市场大流通中占据主动地位，增强番茄出口创汇能力，提高单位面积效益，加快菜农致富步伐。

6. 为什么说番茄的等级标准划分有利于提高番茄的商品性?

国家农业部 2006 年 5 月 10 日首次发布了包括番茄在内的 6 种蔬菜的等级规格标准,此举标志着我国的农产品市场流通正迈向标准化,以期尽早与国际接轨。

我国致力于发展现代化农业,但在市场规模仅次于粮食的蔬菜领域,由于多年来没有等级规格标准,在出售蔬菜时大多为混等散装,外观质量差,卖不出好价钱,而且蔬菜混等散装上市,容易在贮藏和搬运过程中造成外伤而加大生产损失。

制定农产品等级规格标准,是发达国家的通行做法,根据我国农产品的生化特征和产销实际,将农产品等级标准区分为等级标准和规格标准两类,改变了以往某些标准等级与规格不分,而且只对产品外在品质提出要求、不涉及安全、营养等内在质量技术指标的状况。

在等级方面,原则上分为特等、一等和二等 3 个级别;在规格方面,原则上分为大、中、小 3 种规格。

蔬菜的外在品质具有直观性,是影响消费者购买决策的重要因素。制定蔬菜等级规格标准是适应消费多样化发展趋势、满足消费者不同层次需求的重要一环。

蔬菜是我国具有较强出口优势的农产品,生产者和经营者必须提高农产品标准化意识,尽快掌握农产品等级规格知识与实行分级包装上市的技术要求,提高出口农产品的国际竞争力。

农产品等级规格标准的制定和推广应用,为实现农产品分级包装流通、建立优质优价机制、提升市场竞争力奠定了良好基础。根据《农产品质量安全法》的规定,包装或标识的农产品原则上要求标明产品质量等级与规格。可以预见,随着各种农产品等级规格标准的发布采用,我国农产品市场流通状况将会得到明显改善。

7. 为什么说推动农业生产标准化是提高番茄商品性的保证?

农业生产标准化是以农业为对象的标准化活动,即运用“统一、简化、协调、选优”原则,通过制定和实施标准,把农业产前、产中、产后各个环节纳入标准生产和标准管理的轨道。农业标准化是农业现代化建设的一项重要内容,是“科技兴农”的载体和基础。它通过把先进的科学技术和成熟的经验组装成农业标准,推广应用到农业生产和经营活动中,把科技成果转化为现实的生产力,从而取得经济、社会和生态的最佳效益,达到高产、优质高效的目的。它融先进的技术、经济、管理于一体,使农业发展科学化、系统化,是实现新阶段农业和农村经济结构战略性调整的一项十分重要的基础性工作。

农业标准化是一项系统工程,这项工程的基础是农业标准体系、农业质量监测体系和农产品评价认证体系的建设。在这三大体系中,标准体系是基础中的基础,只有建立健全涵盖农业生产的产前、产中、产后等各个环节的标准体系,农业生产经营才有章可循、有标准可依;质量监测体系是保障,它为有效监督农业投入品和农产品质量提供科学的依据;产品评价认证体系则是评价农产品状况、监督农业标准化进程、促进品牌、名牌战略实施的重要基础体系。

农业标准化工程的核心工作是标准的实施与推广,是标准化基地的建设与蔓延,由点及面,逐步推进,最终实现生产的基地化和基地的标准化。同时,这项工程的实施还必须有完善的农业质量监督管理体系、健全的社会化服务体系、较高的产业化组织程度和高效的市场运作机制作保障。

推动农业生产标准化,对确保农产品的安全性,提高农业抵御自然灾害和市场风险能力,提高农业生产水平,提高农产品的档次，促进农业发展和农民增收等具有重要的意义。开展番茄标准化生产也是提高番茄商品性的保证，有利于提高番茄产品在国内外市场的竞争力。目前，全国各地根据当地的生产情况制定了一系列的番茄栽培技术操作规程，如《大棚无公害番茄栽培技术操作规程》、《A级绿色食品露地番茄栽培技术规程》、《日光温室番茄栽培技术规程》、《番茄嫁接栽培技术规程》、《樱桃番茄智能化温室栽培技术规程》、《加工番茄栽培技术规程》等，用以规范番茄生产，提高番茄的商品性及其在国内外市场的竞争力。

8. 提高番茄生产标准化水平应采取哪些措施？

(1)进行产地环境监测 要保证生产中所使用的土壤、水源、空气等没有遭受重金属、有害气体等有害物质的污染。

(2)进行番茄安全栽培管理技术培训 对番茄生产人员进行安全栽培管理技术培训，使每个番茄种植户了解种植番茄所要达到的标准，以及采用的栽培管理技术措施，发放相应的栽培管理技术标准资料。如按照无公害蔬菜标准组织生产，生产无公害番茄；按照绿色蔬菜标准组织生产，生产绿色番茄；按照有机蔬菜标准组织生产，生产有机番茄；其市场价格和销售市场将有很大差别。在防病、治虫上采用物理、生物的防治办法，采用覆盖遮阳网、防虫网等先进技术，应用光合细菌等生物肥、生物农药等，虽然这些新技术应用面积还不大，但具有广阔的发展前景。

(3)建立番茄质量追溯制度 番茄生产者户户建立栽培管理档案，记载栽培管理全过程，主要指品种、化肥、农药激素的使用浓度、种类、次数和使用时期等，发现问题便于追查。

(4)实行产品质量检测制度 加大对农药生产与经营的监管力度，对产出的番茄经检测合格后发放合格证，并挂牌上市销售，对不合格产品杜绝进入市场。鼓励创立产地品牌，提高产品的知名度和价值，提高番茄的市场竞争力，增加种植效益。

（5）搞好产品分级包装 对合格的番茄产品要实行分级包装，优质优价，提高市场竞争力和经济效益，以调动农民生产积极性。

（第 2 版）	7.00 元
露地蔬菜病虫害防治技术问答	14.00 元
水生蔬菜病虫害防治	3.50 元
日常温室蔬菜生理病害防治 200 题	9.50 元
蔬菜害虫生物防治	17.00 元
菜田化学除草技术问答	11.00 元
绿叶菜类蔬菜制种技术	5.50 元
绿叶菜类蔬菜良种引种指导	10.00 元
提高绿叶菜商品性栽培技术问答	11.00 元
四季叶菜生产技术 160 题	7.00 元
绿叶菜类蔬菜园艺工培训教材(南方本)	9.00 元
绿叶菜类蔬菜病虫害诊断与防治原色图谱	20.50 元
绿叶菜病虫害及防治原色图册	16.00 元
菠菜栽培技术	4.50 元
茼蒿蕹菜无公害高效栽培	6.50 元
芹菜优质高产栽培（第 2 版）	11.00 元
莲菱芡莼栽培与利用	9.00 元
莲藕无公害高效栽培技术问答	11.00 元
莲藕栽培与藕田套养技术	16.00 元
白菜甘蓝类蔬菜制种技术	6.50 元
甘蓝类蔬菜良种引种指导	9.00 元
白菜甘蓝萝卜类蔬菜病虫害诊断与防治原色图谱	23.00 元
白菜甘蓝病虫害及防治原色图册	16.00 元
大白菜高产栽培(修订版)	4.50 元
怎样提高大白菜种植效益	7.00 元
提高大白菜商品性栽培技术问答	10.00 元
甘蓝类蔬菜周年生产技术	8.00 元
怎样提高甘蓝花椰菜种植效益	9.00 元
甘蓝标准化生产技术	9.00 元
甘蓝栽培技术(修订版)	9.00 元
提高甘蓝商品性栽培技术问答	10.00 元
图说甘蓝高效栽培关键技术	16.00 元
花椰菜标准化生产技术	8.00 元
青花菜优质高产栽培技术	8.50 元
红菜薹优质高产栽培技术	9.00 元
瓜类豆类蔬菜施肥技术	6.50 元
瓜类蔬菜制种技术	5.00 元
瓜类蔬菜周年生产技术	14.00 元
瓜类蔬菜保护地嫁接栽培配套技术 120 题	6.50 元
瓜类蔬菜园艺工培训教材(北方本)	10.00 元
瓜类蔬菜园艺工培训教	